2019

己亥

1

日	一	二	三	四	五	六
		1 元旦	2 廿七	3 廿八	4 廿九	5 小寒
6 初一	7 初二	8 初三	9 初四	10 初五	11 初六	12 初七
13 初八	14 初九	15 初十	16 十一	17 十二	18 十三	19 十四
20 大寒	21 十六	22 十七	23 十八	24 十九	25 二十	26 廿一
27 廿二	28 廿三	29 廿四	30 廿五	31 廿六		

2

日	一	二	三	四	五	六
					1 廿七	2 廿八
3 廿九	4 三十	5 春节	6 初二	7 初三	8 初四	9 初五
10 初六	11 初七	12 初八	13 初九	14 初十	15 十一	16 十二
17 十三	18 十四	19 十五	20 十六	21 十七	22 十八	23 十九
24 二十	25 廿一	26 廿二	27 廿三	28 廿四		

3

日	一	二	三	四	五	六
					1 廿五	2 廿六
3 廿七	4 廿八	5 廿九	6 惊蛰	7 初一	8 初二	9 初三
10 初四	11 初五	12 初六	13 初七	14 初八	15 初九	16 初十
17 十一	18 十二	19 十三	20 十四	21 春分	22 十六	23 十七
24 十八	25 十九	26 二十	27 廿一	28 廿二	29 廿三	30 廿四
31 廿五						

4

日	一	二	三	四	五	六
	1 廿六	2 廿七	3 廿八	4 廿九	5 清明	6 初二
7 初三	8 初四	9 初五	10 初六	11 初七	12 初八	13 初九
14 初十	15 十一	16 十二	17 十三	18 十四	19 十五	20 谷雨
21 十七	22 十八	23 十九	24 二十	25 廿一	26 廿二	27 廿三
28 廿四	29 廿五	30 廿六				

5

日	一	二	三	四	五	六
			1 廿七	2 廿八	3 廿九	4 三十
5 初一	6 立夏	7 初三	8 初四	9 初五	10 初六	11 初七
12 初八	13 初九	14 初十	15 十一	16 十二	17 十三	18 十四
19 十五	20 十六	21 小满	22 十八	23 十九	24 二十	25 廿一
26 廿二	27 廿三	28 廿四	29 廿五	30 廿六	31 廿七	

6

日	一	二	三	四	五	六
						1 廿八
2 廿九	3 初一	4 初二	5 初三	6 芒种	7 初五	8 初六
9 初七	10 初八	11 初九	12 初十	13 十一	14 十二	15 十三
16 十四	17 十五	18 十六	19 十七	20 十八	21 夏至	22 二十
23 廿一	24 廿二	25 廿三	26 廿四	27 廿五	28 廿六	29 廿七
30 廿八						

7

日	一	二	三	四	五	六
	1 廿九	2 三十	3 初一	4 初二	5 初三	6 初四
7 小暑	8 初六	9 初七	10 初八	11 初九	12 初十	13 十一
14 十二	15 十三	16 十四	17 十五	18 十六	19 十七	20 十八
21 十九	22 二十	23 大暑	24 廿二	25 廿三	26 廿四	27 廿五
28 廿六	29 廿七	30 廿八	31 廿九			

8

日	一	二	三	四	五	六
				1 初一	2 初二	3 初三
4 初四	5 初五	6 初六	7 初七	8 立秋	9 初九	10 初十
11 十一	12 十二	13 十三	14 十四	15 十五	16 十六	17 十七
18 十八	19 十九	20 二十	21 廿一	22 廿二	23 处暑	24 廿四
25 廿五	26 廿六	27 廿七	28 廿八	29 廿九	30 初一	31 初二

9

日	一	二	三	四	五	六
1 初三	2 初四	3 初五	4 初六	5 初七	6 初八	7 初九
8 白露	9 十一	10 十二	11 十三	12 十四	13 十五	14 十六
15 十七	16 十八	17 十九	18 二十	19 廿一	20 廿二	21 廿三
22 廿四	23 秋分	24 廿六	25 廿七	26 廿八	27 廿九	28 三十
29 初一	30 初二					

10

日	一	二	三	四	五	六
		1 初三	2 初四	3 初五	4 初六	5 初七
6 初八	7 初九	8 寒露	9 十一	10 十二	11 十三	12 十四
13 十五	14 十六	15 十七	16 十八	17 十九	18 二十	19 廿一
20 廿二	21 廿三	22 廿四	23 廿五	24 霜降	25 廿七	26 廿八
27 廿九	28 初一	29 初二	30 初三	31 初四		

11

日	一	二	三	四	五	六
					1 初五	2 初六
3 初七	4 初八	5 初九	6 初十	7 十一	8 立冬	9 十三
10 十四	11 十五	12 十六	13 十七	14 十八	15 十九	16 二十
17 廿一	18 廿二	19 廿三	20 廿四	21 廿五	22 小雪	23 廿七
24 廿八	25 廿九	26 初一	27 初二	28 初三	29 初四	30 初五

12

日	一	二	三	四	五	六
1 初六	2 初七	3 初八	4 初九	5 初十	6 十一	7 大雪
8 十三	9 十四	10 十五	11 十六	12 十七	13 十八	14 十九
15 二十	16 廿一	17 廿二	18 廿三	19 廿四	20 廿五	21 廿六
22 冬至	23 廿八	24 廿九	25 三十	26 初一	27 初二	28 初三
29 初四	30 初五	31 初六				

成之宮此則隋
之仁壽宮也冠
山抗殿絕壑為
池跨水架楹分

戊戌

yī

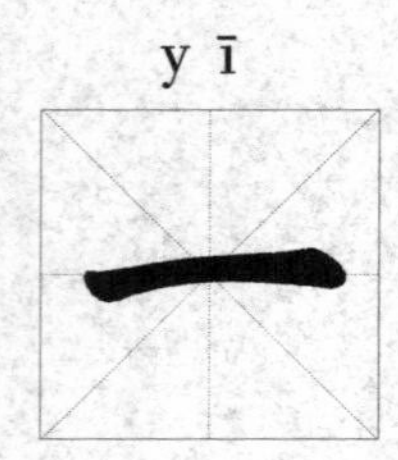

[字解]

《说文解字》:“一，惟初太始，道立于一，造分天地，化成万物。”本义为数字“一”。“一”还可以表示纯、专，如“专一”；表示全、满，如“一生”；表示相同，如“一样”；表示另外的，如“蟋蟀一名促织”；表示动作短暂，或是一次，或具试探性，如“算一算”；表示乃、竟，如“一至于此”；表示整体，如“统一”；表示初次，如“一见如故”等。

看名家书写示范

一元復始

孟繁禧書

一元复始

《公羊传 · 隐公元年》:“元年春，王正月。元年者何？君之始年也。春者何？岁之始也。”后来指除旧岁，新年开始。

2019
一月大

戊戌年十一月大 廿六日	三十小寒	元旦 星期二

èr

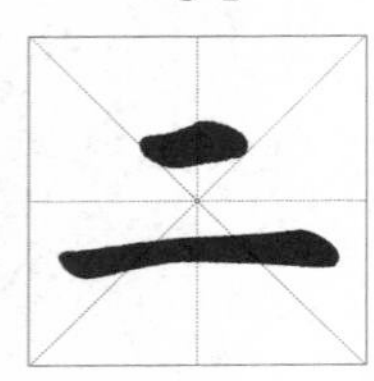

[字解]

《说文解字》:“二，地之数也。从偶一。”本义为数字“二”。“二”还可以表示两、双、第二，如“独一无二”;表示别、不同，如“别无二话”等。

看名家书写示范

二仪含生

《圣教序》:“二仪有像，显覆载以含生。”天覆于上，地载于下，在天地之间，孕育着万事万物。

2019

一月大

2

戊戌年十一月大 **廿七日**	三十小寒	二九第三天 **星期三**

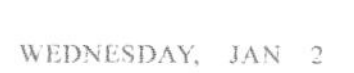

sān

[字解]

《说文解字》:“三,天地人之道也。从三数。”本义为数字“三”。引申出“多”的含义,如“三思而行”等。

看名家书写示范

三陽開泰

孟繁禧書

三阳开泰

《宋史·乐志》:“三阳交泰,日新惟良。”《易》称爻连的为阳,断的为阴。上年的十一月阳气渐生,是“一阳生”,至正月则三阳生于下,正是泰卦之象。常用以称颂岁首或寓意吉祥。

2019

一月大

3

戊戌年十一月大 廿八日	三十小寒	二九第四天 星期四

shàng / shǎng

[字解]

《说文解字》:“上，高也。”《广韵》:“上，在上之上，对下之称。”本义为“上下”的“上”。“上”还可以表示次序或时间在前的，如“上古”“上卷”；表示去、到，如“上街”；表示安装，如“上刺刀”；表示由低处到高处，如“上升”；表示按规定时间进行或参加某种活动，如“上课”等。

看名家书写示范

上人为元

朱骏声解释《易》时说“上人为元”。“元”的字形由古文“上”和“人”组合而成，隐含着通过奋斗获得上进的意义。

2019

一月大

戊戌年十一月大 **廿九日**	明日小寒	二九第五天 **星期五**

zhèng / zhēng

[字解]

《说文解字》:“正，是也。”本义为不偏斜、平正。“正”还可以表示合乎规则的，如“正规”；表示恰好的，如“正好”；表示动作在进行中，如“正在开会”；表示两者相对的、好的、强的或主要的一方，与“反”“副”“负”等相对，如“正面”“正本”“正数”；表示纯、不杂，如“正色”；表示改去偏差或错误，如“正本清源”等。

看名家书写示范

清远雅正

《世说新语 · 赏誉》:“林下诸贤，各有俊才子”，其中，嵇康之子“清远雅正”。“清”“远”“雅”“正”是人的四种优秀品质。

2019
一月大

5 星期六		6 星期日
小寒17时48分 三十日	今日小寒	腊月初一 初一日

yàn / yān

[字解]

《说文解字》:“燕，玄鸟也。”本义为燕子。“燕”有时还用作轻慢之意，如“燕朋逆其师”；或者借用作“宴”等。

看名家书写示范

玉燕投怀

王仁裕《开元天宝遗事 · 梦玉燕投怀》:“张说母梦有一玉燕自东南飞来，投入怀中，而有孕生说，果为宰相，其至贵之祥也。”后用作贺人生子的颂语。

2019

一月大

戊戌年十二月大 初二日	十五大寒	二九第八天 星期一

rén

[字解]

《说文解字》："人，天地之性最贵者也。""人"像侧面站立的人形。由"人"而引申出人事、每个人、人为的等意义。

看名家书写示范

人和

《孟子·公孙丑》："天时不如地利，地利不如人和。"用来强调人心归一、上下团结的重要作用。

2019

一月大

8

戊戌年十二月大 **初三日**	十五大寒	二九第九天 **星期二**

bā

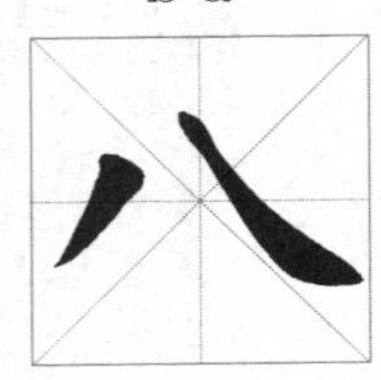

[字解]

《说文解字》:“八，别也。象分别相背之形。”“八”的字形表示分别之意，假借为数字“八”。“八”还可以表示第八等意义，如“每月的第八日为初八”。

看名家书写示范

八节安康

所谓“八节”，是指立春、春分、立夏、夏至、立秋、秋分、立冬、冬至等八个节气，后来泛指一年中的所有节气。

2019

一月大

戊戌年十二月大 **初四日**	十五大寒	三九第一天 **星期三**

tiān

[字解]

《说文解字》:“天，颠也。至高无上。”“天”的字形表示了人头之意。在具体使用中，“天”更多表示“天空”的意思。“天”还可以表示时间、时节、季节，如“今天”“每天”“冬天”；表示自然的，如“天籁”“天然”等。

看名家书写示范

天朗气清

语出王羲之《兰亭序》。形容天空晴朗，空气清新。

2019

一月大

10

戊戌年十二月大 **初五日**	十五大寒	三九第二天 **星期四**

mù

[字解]

《说文解字》:“木，冒也。冒地而生。东方之行。”本义为树木。“木”还可以表示木料、木制品，如“木匠”;表示质朴的、呆滞的、麻木的，如“呆如木鸡”等。

看名家书写示范

水木清华

谢混《游西池》:“景昃鸣禽集，水木湛清华。”形容园林之中池水清幽，花木美丽。

2019
一月大

11

戊戌年十二月大 **初六日**	十五大寒	三九第三天 **星期五**

běn

[字解]

《说文解字》:“本，木下曰本。”本义为树木的根部。“本”还可以表示事物的根源，如“本末”“根本”;表示草的茎、树的干，如“草本植物”;表示中心的、主要的，如“本部”;表示原来的，如“本来”;表示自己这方面的，如“本国”“本身”等。

看名家书写示范

本固枝荣

《左传 · 文公七年》:“公族，公室之枝叶也。若去之则本根无所庇荫矣。”树木的主干强固，枝叶才能茂盛。比喻事物的基础巩固了，其他部分才能发展。

2019
一月大

12 星期六

13 星期日

三九第四天 初七日	十五大寒	腊八节 初八日

rì

[字解]

《说文解字》:“日，实也。太阳之精不亏。”本义为太阳。“日”作为与人类关系最为密切的天体，引申出许多其他含义。它可以表示白天，如“日夜”；表示一昼夜，如“多日不见”；表示特定的某一天、某一个时间，如“纪念日”“春日”；表示每一天，如“日记”等。

看名家书写示范

日新

《礼记·大学》:“苟日新，日日新，又日新。”指发展或进步迅速，不断出现新事物、新气象。

2019
一月大

14

戊戌年十二月大 **初九日**	十五大寒	三九第六天 **星期一**

chāng

[字解]

《说文解字》:“昌，美言也。从日从曰。一曰日光也。《诗》曰：‘东方昌矣。’”本义为光明。“昌”还可以表示兴盛，如“昌盛”“昌乐”;表示善、正当，如“昌言”“昌言无忌”等。

看名家书写示范

繁荣昌盛

毛泽东《中国人民站起来了》:“为什么不能在胜利以后建设一个繁荣昌盛的国家呢？”指国家或事业兴旺发达，欣欣向荣。

2019
一月大

15

戊戌年十二月大 **初十日**	十五大寒	三九第七天 **星期二**

dōng

[字解]

《说文解字》:“东，动也。从木。官溥说：‘从日在木中。’”本义为东方。引申为向东，如“大江东去”;在东方，如“东道主”“做东”等。在传统的观念中，东方对应着春天，如“东作”等。

看名家书写示范

旭日东升

《诗经 · 邶风 · 匏有苦叶》:“旭日始旦。”旭日，初升的太阳。早上太阳从东方升起，形容朝气蓬勃的气象。

2019

一月大

16

戊戌年十二月大 **十一日**	十五大寒	三九第八天 **星期三**

yuán

[字解]

《说文解字》:“元，始也。”“元”的字形描绘了人头的形象。在具体使用中,“元”更多表示起始、第一等意义。许慎所谓“始也”的解释即着眼于此。“元”还可以表示基本的,如“单元”“元素”;表示未知数，如“一元二次方程”;表示朝代名，如“元代”等。

看名家书写示范

元亨利贞

《易·乾卦》:“元亨利贞。”程颐释曰:“元者，万物之始。亨者，万物之长。利者，万物之遂。贞者，万物之成。”程颐将“元”“亨”“利”“贞”解释为天道生长万物的四种德行，象征万物从生长到成熟的四个阶段。

2019

一月大

17

戊戌年十二月大 十二日	十五大寒	三九第九天 星期四

qì

[字解]

《说文解字》:“气，云气也。”本义为空气。“气”还可以表示呼吸，如“气息”；表示自然界的寒、暖、阴、晴等现象，如“气候”“气象”；表示人的精神状态，如“气概”“气魄”；表示发怒，如“气恼”；表示欺压，如“受气”；表示中医所称的某种症象，如“湿气”“气脉”；表示景象，如“气氛”等。

看名家书写示范

风正气清

风俗纯正，政治清明。

2019
一月大

18

戊戌年十二月大 **十三日**	十五大寒	四九第一天 **星期五**

fēng

[字解]

《说文解字》:“风，八风也。东方曰明庶风，东南曰清明风，南方曰景风，西南曰凉风，西方曰阊阖风，西北曰不周风，北方曰广莫风，东北曰融风。风动虫生。故虫八日而化。”“风”字从虫凡声，具有“风化”之意。在具体使用中，“风”更多表示自然风，即空气流动的自然现象。“风”还可以表示像风一样迅速、普遍的，如“风潮”；表示社会上长期形成的礼节、习俗，如“风气”；表示消息、传闻，如“风传”“闻风而动”；表示外在的景象、态度、举止，如“风度”“风骨”等。

看名家书写示范

东风和畅

春天来了，东风一吹，和暖舒适。

19　20

星期六		星期日
四九第二天 十四日	今日大寒	大寒11时08分 十五日

sūn

[字解]

《说文解字》:“孙，子之子曰孙。”本义为儿子的儿子。“孙”还可以泛指后代子孙，如“孙男弟女”;表示孳生的,如“孙竹”等。

看名家书写示范

孙康映雪

李善《文选注》:“《孙氏世录》曰:‘孙康家贫，常映雪读书，清介，交游不杂。’”晋代孙康因家贫，常利用雪光读书，后用以形容在困境中勤奋学习。

2019
一月大

21

戊戌年十二月大 **十六日**	三十立春	四九第四天 **星期一**

léi

[字解]

《说文解字》:“雷，阴阳薄动雷雨生物者也。”本义为打雷。“雷”还可以表示爆炸武器，如“地雷”“鱼雷”；又是古水名，如“雷池”等。

看名家书写示范

春雷

元稹《芳树》:“春雷一声发，惊燕亦惊蛇。”春天的雷，代表着春天到来。《初刻拍案惊奇》:“灿若三场满志，正是专听春雷第一声。果然金榜题名，传胪三甲。”还比喻佳音。

2019

一月大

22

戊戌年十二月大 **十七日**	三十立春	四九第五天 **星期二**

hǎo / hào

[字解]

《说文解字》:“好，美也。从女、子。”本义为貌美。“好”还可以表示优良，如“好言相劝”;表示交好、友爱，如“情好日密”;表示容易，如“这事好办”;表示完成、完毕，如“田车既好”;表示赞许、同意，如“好，我十点钟找你”;表示程度的很、甚、太，如“好大的眼睛”;表示喜欢，如“爱好”等。

看名家书写示范

花好月圓

孟繁禧書

花好月圆

晁补之《御街行》:“月圆花好一般春，触处总堪乘兴。”花儿正盛开，月亮正圆满，比喻美好圆满。多用于祝贺人新婚。

2019

一月大

23

戊戌年十二月大 十八日	三十立春	四九第六天 星期三

shǒu

[字解]

《说文解字》:“手，拳也。”本义为人的上肢。“手”还可以表示拿着,如“人手一卷”;表示亲自动手,如“手稿”;表示技能、本领，如“手法”；表示做某种事情或擅长某种技能的人，如“生产能手”；表示小巧易拿的，如“手枪”等。

看名家书写示范

妙手回春

李伯元《官场现形记》:“但是丸药铺里门外，足足挂着二三十块匾额,什么‘功同良相’,什么‘扁鹊复生’,什么‘妙手回春’，什么‘是乃仁术’，匾上的字句，一时也记不清楚。”颂扬医师的医术高明，能治好重病，使人恢复像春天一样的生机和活力。

2019

一月大

24

戊戌年十二月大 **十九日**	三十立春	四九第七天 **星期四**

tuī

[字解]

《说文解字》:“推，排也。”本义为向外或向前用力，使物移动。“推”还可以表示使事情开展,如“推广”“推究”;表示辞让、推卸，如“推让”“推延”；表示举荐，如“推许”;表示让出、献出，如“推恩”“推心置腹”等。

看名家书写示范

推陈出新

方薰《山静居诗话》:“诗固病在窠臼，然须知推陈出新，不至流入下劣，此慈溪叶丈凤占之论也。”指除去老旧的，创造出新的事物或方法。

2019

一月大

25

戊戌年十二月大 **二十日**	三十立春	四九第八天 **星期五**

jìn

[字解]

《说文解字》:“进，登也。”本义为前进、进取。“进”还可以表示入、往里去，如“进见”“进账”;表示吃、喝，如“进食”;表示奉上、呈上，如“进献”;表示旧式房院层次，如“这所宅子是两进院”等。

看名家书写示范

进德修业

《易·乾卦》:“君子进德修业。”指提高德行，建立功业。

26 27

星期六 星期日

四九第九天 廿一日	三十立春	五九第一天 廿二日

zhí

[字解]

《博雅》:“直，正也。”《玉篇》:“直，不曲也。”本义为不歪、不弯曲。“直”还可以表示爽快、坦率，如“直爽”“直言不讳”；表示一个劲儿地、连续不断，如“一直走”等。

看名家书写示范

正道直行

《论语 · 卫灵公》:“斯民也，三代之所以直道而行也。”比喻办事公正。

2019
一月大

28

北方小年 廿三日	三十立春	五九第二天 星期一

dé

[字解]

《说文解字》:“德，升也。”“德”本来是指事物生长、发展正直向上的品德，后来也泛指一切事物的性质。《正韵》:“凡言德者,善美,正大,光明,纯懿之称也。”“德”字从心从直从彳，所谓“在心为德，施之为行”，正是对“德”字的最佳阐释。“德”还可以表示心意、信念，如“一心一德”；表示恩惠，如“德泽”等。

看名家书写示范

厚德載物 孟繁禧書

厚德载物

《易 · 乾卦》:“天行健，君子以自强不息；地势坤，君子以厚德载物。”指有大德的人，能够承担重任。

2019
一月大

29

南方小年 **廿四日**	三十立春	五九第三天 **星期二**

háng / xíng

[字解]

《说文解字》:“行，人之步趋也。”“行”的字形本来描绘了道路交叉的样子，在具体使用中，更多表示行路、行为、行动的意义。“行”还可以表示从事，如“进行”；表示举止行动，如“品行”；表示可以、能干，如“你真行”；表示行列，如“字里行间”；表示次第、排行，如“排行二十二”；表示步行的阵列，如“行列”；表示营业所，如“银行”“商行”；表示行业，如“同行”“各行各业”等。

看名家书写示范

天马行空

刘廷振《萨天锡诗集序》:“其所以神化而超出于众表者，殆犹天马行空而步骤不凡。”天神之马来往疾行于空中。比喻思想行为无拘无束。亦形容文笔超逸流畅。

2019

一月大

30

戊戌年十二月大 **廿五日**	三十立春	五九第四天 **星期三**

yín

[字解]

《说文解字》:“寅，髌也。正月，阳气动，去黄泉，欲上出，阴尚强，象宀不达，髌寅于下也。”本义为地支的第三位，亦用于计时。“寅”还可以表示敬,如“寅饯”等。

看名家书写示范

夙夜惟寅

《尚书 · 舜典》:“汝作秩宗，夙夜惟寅。”形容早晚敬思其职。

2019

一月大

31

戊戌年十二月大 廿六日	三十立春	五九第五天 星期四

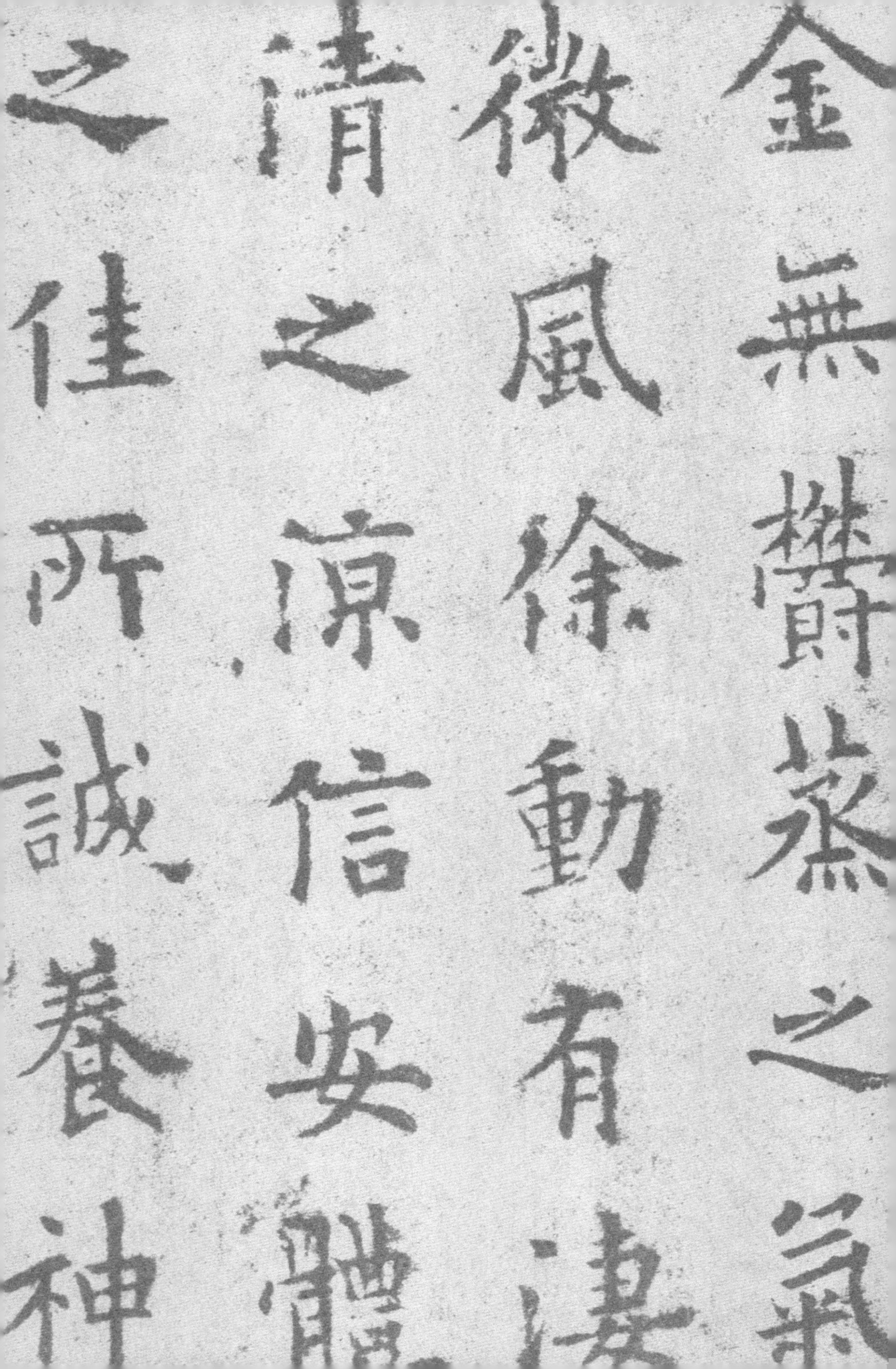

金無鬱蒸之氣
微風徐動有淒
清之涼信安體
之佳所誠養神

2019

yǐn

[字解]

《说文解字》:“引，开弓也。”本义为拉、伸、牵引。“引”还可以表示拿来做证据、凭据或理由，如“引文”“引用”;表示退却，如“引退”;表示长度单位，一引等于十丈；表示古代柩车的绳索，如“发引”等。

看名家书写示范

抛砖引玉

释道原《景德传灯录》:“比来抛砖引玉，却得个墼子。”将砖抛出，引回玉来。后用作自谦之词，比喻自己先发表粗陋诗文或不成熟的意见，以引出别人的佳作或高论。

2019

二月平

戊戌年十二月大 廿七日	三十立春	五九第六天 星期五

shuǐ

[字解]

《说文解字》:“水，准也。北方之行。象众水并流，中有微阳之气也。”“水”的字形描绘了水流的形象。“水”还可以表示河流，如“汉水”；表示附加的费用、额外的收入，如“肥水”；表示洗的次数，如“这衣服洗过两水了”等。

看名家书写示范

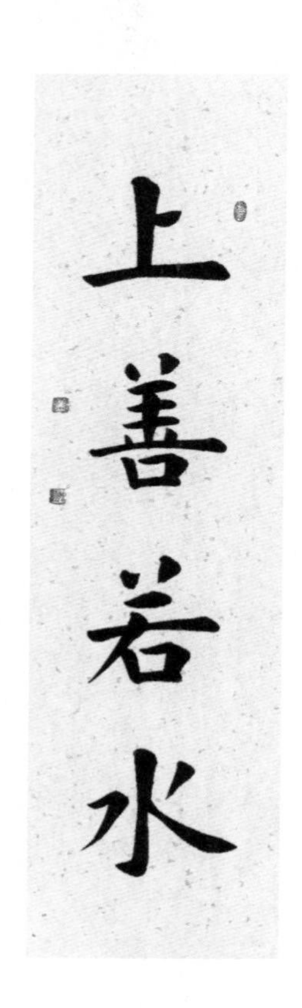

上善若水

《老子》:“上善若水。”指最高境界的善行就像水一样，泽被万物而不争。

2019
二月平

2 星期六		3 星期日
五九第七天 廿八日	明日立春	五九第八天 廿九日

chūn

[字解]

《说文解字》:“春，推也。从艸从日，艸春时生也。”本义为春天。“春”还可以表示两性相求的欲望，如“春心”;表示生机，如“大地回春”等。

看名家书写示范

春和景明

范仲淹《岳阳楼记》:“至若春和景明，波澜不惊，上下天光，一碧万顷。”形容春气和煦，景物明丽。

2019
二月平

立春11时14分 **三十日**	今日立春	除夕 **星期一**

zé

[字解]

《说文解字》:“泽，光润也。”本义为光泽、润泽。“泽”还可以表示水积聚的地方，如“大泽”；表示光亮，如“色泽”；表示恩惠，如“恩泽”等。

看名家书写示范

阳春布德泽

乐府古辞《长歌行》:“阳春布德泽，万物生光辉。”春天阳光充足，是大自然的恩惠，即所谓的“德泽”。

2019

二月平

5

己亥年一月大 **初一日**	十五雨水	春节 **星期二**

rùn

[字解]

《说文解字》:“润，水曰润下。”本义为滋润。“润”还可以表示使物不干枯、有光泽，如“润滑”“润色”;表示利益，如“利润”;表示以财物酬人，如“润笔”等。

看名家书写示范

金聲玉潤

孟繁禧書

金声玉润

班固《东都赋》:“玉润而金声。”比喻文章气韵优美。

2019

二月平

己亥年一月大 **初二日**	十五雨水	六九第二天 **星期三**

tǔ

[字解]

《说文解字》:“土，地之吐生物者也。二象地之下、地之中，丨，物出形也。”本义为土壤。“土”还可以表示疆域，如“国土”;表示本地的、地方性的，如“故土”;表示民间生产的，如“土方”;表示不合潮流的，如“土气”;表示未熬制的鸦片，如“烟土”等。

看名家书写示范

百谷草木丽乎土

《易 · 离卦》:“日月丽乎天，百谷草木丽乎土。”指各种植物都是土中生长出来的。

2019

二月平

己亥年一月大 **初三日**	十五雨水	六九第三天 **星期四**

shān

[字解]

《国语·周语》:“山，土之聚也。”本义为高山。“山”还可以表示形状像山，如“山墙”；表示大声的，如“山响”“山呼万岁”等。

看名家书写示范

山清水秀

形容风景优美。

2019

二月平

己亥年一月大 **初四日**	十五雨水	六九第四天 **星期五**

shè

[字解]

《说文解字》:“社，地主也。从示土。《春秋传》曰:‘共工之子句龙为社神。’《周礼》:‘二十五家为社，各树其土所宜之木。’”本义为土地神或祭祀土地神的地方。“社”还引申出团体、机构的含义，如“报社”等。“社”是“五土之神，能生万物者”，每年的春天会有社祭。所以,《礼记·祭义》说 :“建国之神位，右社稷而左宗庙。”

看名家书写示范

社稷升平

“社稷”代指国家，“升平”即太平之意。

9

星期六

10

星期日

六九第五天 初五日	十五雨水	六九第六天 初六日

shì

[字解]

《说文解字》:“示，天垂象，见吉凶，所以示人也。从二。三垂，日月星也。观乎天文，以察时变。示，神事也。”本义为显示、表现。“示”还可以用作来信的敬称，如“赐示”等。

看名家书写示范

师垂典则　范示群伦

启功先生最初为北京师范大学起草校训为“师垂典则，范示群伦”，阐释了师范教育的重要作用。

2019

二月平

己亥年一月大 **初七日**	十五雨水	六九第七天 **星期一**

liǔ

[字解]

《说文解字》:“柳，小杨也。”本义为柳树。“柳”还可以用作星名，为二十八宿之一。

看名家书写示范

柳暗花明

陆游《游山西村》:“山重水复疑无路，柳暗花明又一村。”指绿柳成荫，鲜花怒放。形容春天繁花似锦的美景。

2019

二月平

12

己亥年一月大 **初八日**	十五雨水	六九第八天 **星期二**

mén

[字解]

《说文解字》:“门,闻也。”本义为门户。由门户引申出形状或作用像门的东西,如“电门”。“门”还可以表示途径、诀窍,如“门道儿”;表示家庭,如“门第”;表示事物的分类,如“分门别类”;表示派别,如“门徒”等。

看名家书写示范

程門立雪

孟繁禧書

程门立雪

据《宋史·杨时传》记载,宋代游酢、杨时拜见程颐,刚好碰上他坐着小睡,二人不敢惊动,便站着等待。程颐醒来时,门外已下雪一尺多深。后用以比喻尊敬师长和虔诚向学。

2019
二月平

13

己亥年一月大 **初九日**	十五雨水	六九第九天 **星期三**

xīn

看名家书写示范

[字解]

《说文解字》:“心，人心，土藏，在身之中。象形。博士说以为火藏。”本义为心脏。在传统的五行观念中，“心”对应着“火”，对应着夏天，被称为“火藏”。“心”还可以表示内心，如“心悦诚服”；表示脑，如“心之官则思”；表示思想、心绪等心理活动，如“他人有心，予忖度之”；表示中心、中央，如“唯见江心秋月白”等。

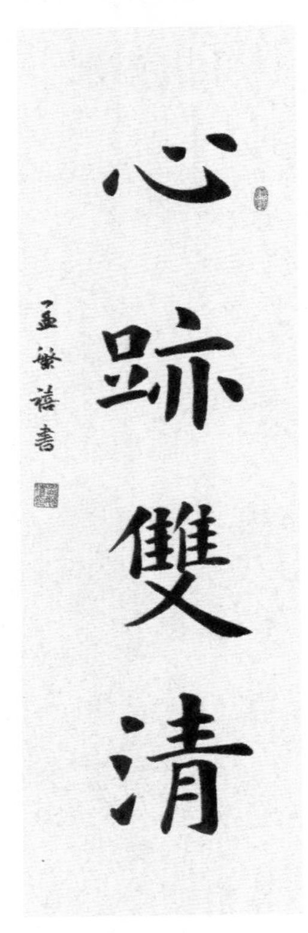

心迹双清

杜甫《屏迹三首》其二：“杖藜从白首，心迹喜双清。”指心地、行为高洁，没有尘俗之气。

2019

二月平

己亥年一月大 **初十日**	十五雨水	情人节 **星期四**

kāi

[字解]

《说文解字》:“开，张也。”本义为开门。“开”还可以表示分割,如“对开”;表示通，如“开导”;表示扩大、发展，如“开拓”;表示发动、操纵，如“开车”;表示起始，如“开始”;表示设置、建立，如“开国”;表示列举、写出，如“开发票”;表示支付，如“开支”；表示沸腾，如“开水”；表示举行，如“开运动会”等。

看名家书写示范

继往开来

朱熹《朱子全书》:“此先生之教，所以继往圣，开来学，而有大功于斯世也。”指继往古成果，开来世大业。

2019
二月平

15

己亥年一月大 **十一日**	十五雨水	七九第二天 **星期五**

qǐ

[字解]

《说文解字》:“启,开也。”本义为开门。“启”还可以表示开始,如“启用”;表示开导,如“启迪”;表示陈述,如“启事”;表示书信,如“书启”等。

看名家书写示范

承前启后

朱国祯《曾有庵赠文》:“公承前草创,启后规模,此之功德,垂之永永。”指承继前人的遗教,开启后来的事业。

16

星期六

17

星期日

七九第三天 十二日	十五雨水	七九第四天 十三日

fā / fà

[字解]

《说文解字》:“发，射发也。”本义为放箭、发射。“发”还可以表示交付、送出，如“分发”；表示表达，如“发表”；表示散开、分散，如“发散”；表示开展、张大、扩大，如“发展”；表示打开、揭露，如“发掘”；表示产生、出现，如“发生”；表示显现、显出，如“发病”，表示公布、宣布，如“发布”等。

看名家书写示范

厚積薄發

孟繁禧書

厚积薄发

苏轼《稼说送张琥》:“博观而约取，厚积而薄发，吾告子止于此矣。”多多积蓄，慢慢放出。形容只有准备充分才能办好事情。

2019

二月平

18

己亥年一月大 **十四日**	明日雨水	七九第五天 **星期一**

cǎo

[字解]

《说文解字》:“草，草斗，栎实也。”今天通行的“草”本为“草斗”之意，借用作“艸，百卉也”之“艸”，草本植物的总称。“草”还可以表示粗糙、不细致，如“草率”;表示初步的、非正式的，如“草拟”；表示在野的、民间的，如“草莽”；表示雌性的家畜、家禽，如“草鸡”；表示字体名称，如“草书”等。

看名家书写示范

草木欣荣

释宝昙《次韵孙季和知县游西湖》:“云烟小润色，草木同欣荣。”描绘了春天欣欣向荣的景象。

2019
二月平

19

雨水07时03分 **十五日**	今日雨水	元宵节 **星期二**

hóng / gōng

[字解]

《说文解字》:“红，帛赤白色。”本义为红色。“红”还可以表示顺利或受人宠信，如“红人”；表示喜庆，如“红白喜事”；可以革命，如“红色政权”；表示营业的纯利润，如“红利”等。

看名家书写示范

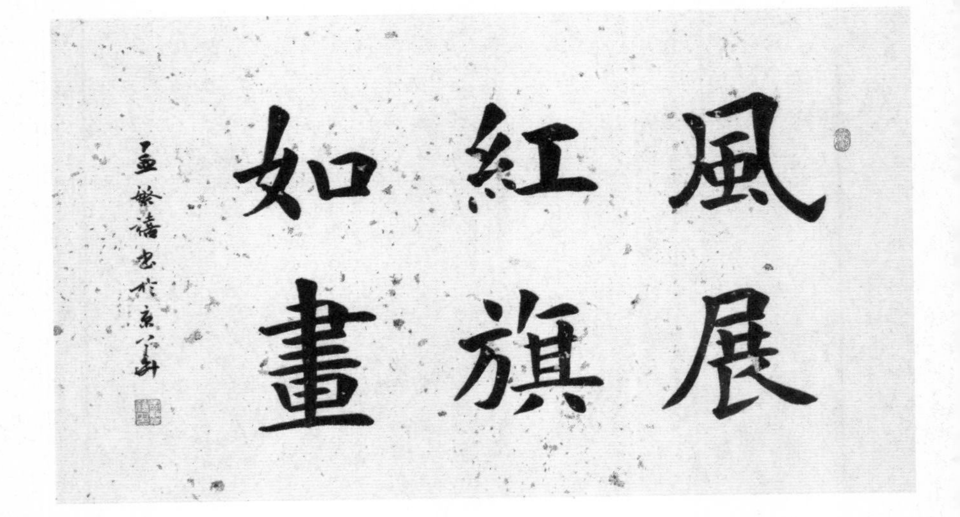

风展红旗如画

毛泽东《如梦令 · 元旦》:“山上山下，风展红旗如画。”表现了革命力量的壮大和美好前景。

2019
二月平

20

己亥年一月大 **十六日**	三十惊蛰	七九第七天 **星期三**

sǔn

[字解]

《说文解字》:“笋，竹胎也。”本义为竹笋。“笋”还可以表示竹子的青皮，如“笋席”；表示嫩的，如“笋鸡”等。

看名家书写示范

雨后春笋

张耒《食笋》:“荒林春雨足，新笋迸龙雏。”大雨过后，春笋旺盛地长出来。比喻新事物蓬勃涌现。

2019

二月平

21

己亥年一月大 **十七日**	三十惊蛰	七九第八天 **星期四**

cuì

[字解]

《说文解字》:“翠，青羽雀也。”“翠”的字形表示“翠鸟”，在具体使用中，“翠”更多表示“翠绿”之“翠”。“翠”还可以表示青、绿、碧色的玉石，如“翡翠”；表示与美人相关的,如“翠眉”“翠娥”等。

看名家书写示范

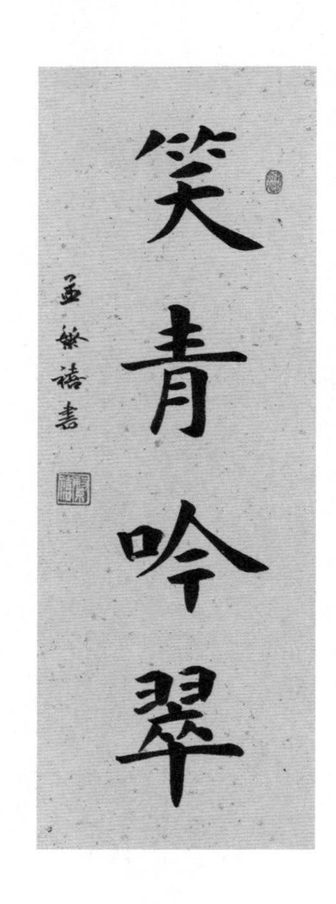

笑青吟翠

孙鲂《湖上望庐山》:“辍棹南湖首重回，笑青吟翠向崔嵬。”指欣赏、吟咏山水。

2019
二月平

22

己亥年一月大 **十八日**	三十惊蛰	七九第九天 **星期五**

xiān / xiǎn

[字解]

《说文解字》:“鲜,鱼名。出貉国。”本义是一种鱼。后来假借为鲜美、新鲜、有光彩之意。

看名家书写示范

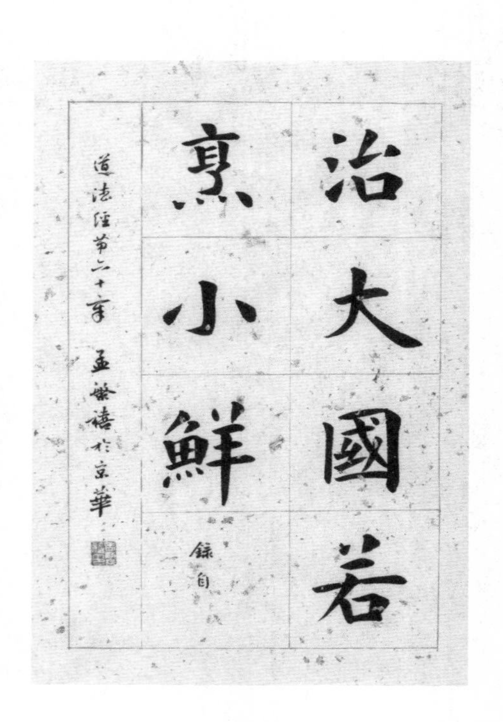

治大国若烹小鲜

老子《道德经》:“治大国若烹小鲜。”比喻治理大国就像烹调美味的小菜一样,需要细心经营。

2019
二月平

23　　24

星期六　　**星期日**

八九第一天 **十九日**	三十惊蛰	八九第二天 **二十日**

rú

[字解]

《说文解字》:“如，从随也。”本义为遵从、依照。“如”还可以表示好像、如同，如“状貌如妇人女子”；表示比得上、及，如“我不如他”；表示去、往，如“沛公起如厕”；表示举例，如“历史上的大诗人，如李白、杜甫”；表示假如、如果，如“如用之，则吾从先进”等。

看名家书写示范

如坐春风

朱熹《伊洛渊源录》:“朱公掞见明道于汝州，逾月而归。语人曰：‘光庭在春风中坐了一月。’”比喻同品德高尚且有学识的人相处并受到熏陶。

2019
二月平

25

己亥年一月大		八九第三天
廿一日	三十惊蛰	**星期一**

yán

[字解]

《说文解字》:“妍，技也。一曰不省录事。一曰难侵也。一曰惠也。一曰安也。”本义为巧慧。“妍”还可以表示美丽，如“妍媸”等。

看名家书写示范

桃李爭妍

桃李争妍

“桃李”典出《韩诗外传》:“夫春树桃李，夏得荫其下，秋得食其实。春树蒺藜，夏不可采其叶，秋得其刺焉。由此观之，在所树也。”桃花和李花竞相开放。形容春天明媚美丽。也指门生后辈人才众多。

2019
二月平

26

己亥年一月大 **廿二日**	三十惊蛰	八九第四天 **星期二**

yáng

［字解］

《说文解字》:“阳，高明也。”“阳”的字形表示山之阳，在具体使用中，更多表示明亮的意思。“阳”还可以表示中国古代哲学中与“阴”相对的一面，如“一阴一阳谓之道”；表示太阳，如“阳光”；表示水的北面，如“济阳”；表示温暖，如“阳春”；表示外露的、明显的，如“阳奉阴违”；表示有关活人的，如“阳宅”；表示带正电的，如“阳极”等。

看名家书写示范

陽春白雪　孟繁禧書

阳春白雪

宋玉《对楚王问》:“其为《阳春》《白雪》，国中属而和者不过数十人。”阳春、白雪最初是指乐曲名，传说为春秋时晋师旷或齐刘涓子所作。阳春取“万物知春，和风淡荡”之意，白雪则取“凛然清洁，雪竹琳琅之音”之意 。相对于通俗音乐而言，阳春白雪属于较为深奥难懂的音乐，所以，后来也用以指称精深高雅的文学艺术作品。

2019

二月平

27

己亥年一月大 **廿三日**	三十惊蛰	八九第五天 **星期三**

huī

[字解]

《说文解字》:“晖，光也。”本义为阳光，也泛指光辉。

看名家书写示范

春晖

孟郊《游子吟》:“谁言寸草心，报得三春晖。”春天的阳光。用来比喻母爱。

2019

二月平

28

己亥年一月大		八九第六天
廿四日	三十惊蛰	**星期四**

立年撫臨億兆始以武功壹海内終以文德懷遠人東越青丘

2019
3

jǐng

[字解]

《说文解字》:“景，光也。”《释文》:“景，境也。明所照处有境限也。”本义为日光。“景”还可以表示情况、状况，如“境况”；表示佩服、敬慕，如“景仰”;表示高、大，如“景行”等。

看名家书写示范

景行维贤

《诗经·小雅·车辖》:“高山仰止，景行行止。”景行，崇高光明的德行。指德行正大光明者方为贤人。

2019
三月大

己亥年一月大 **廿五日**	三十惊蛰	八九第七天 **星期五**

niǎo

[字解]

《说文解字》:“鸟，长尾禽总名也。”本义指禽类。

看名家书写示范

鸟语花香

吕本中《紫薇·庵居》:“鸟语花香变夕阴。”鸟儿叫，花儿飘香，形容春天令人陶醉的景致。

2019
三月大

2		3
星期六		星期日
八九第八天 **廿六日**	三十惊蛰	八九第九天 **廿七日**

yīng

[字解]

《说文解字》:“莺，鸟也。”本义为黄莺。丘迟《与陈伯之书》:“暮春三月，江南草长，杂花生树，群莺乱飞。”黄莺属春鸟，由此,“莺”还可以表示春天的景物,如“莺花”“莺燕”等。

看名家书写示范

鶯歌燕舞

孟繁禧書

莺歌燕舞

苏轼《锦被亭》:“烟红露绿晓风香，燕舞莺啼春日长。”黄莺歌唱，燕子飞舞，形容春光明媚喜人或比喻大好形势。

2019
三月大

己亥年一月大 **廿八日**	三十惊蛰	九九第一天 **星期一**

chén

[字解]

《说文解字》:"辰，震也。三月，阳气动，雷电振，民农时也。物皆生，从乙、匕，象芒达;厂,声也。辰,房星,天时也。""辰"还可以表示地支的第五位，亦用于记时；表示时日，如"时辰"；表示日、月、星的总称，如"星辰"等。《释名》:"辰，伸也。物皆伸舒而出也。""辰"对应着三月。

看名家书写示范

良辰美景

谢灵运《拟魏太子邺中集诗序》:"天下良辰美景，赏心乐事，四者难并。"指美好的时光，宜人的景色。

2019
三月大

己亥年一月大 **廿九日**	明日惊蛰	九九第二天 **星期二**

shēng

[字解]

《说文解字》:“生，进也。象草木生出土上。”本义为出生、生长。“生”还可以表示活的，如“生机勃勃”;表示不成熟的，如“生瓜蛋子”“生饭”；表示生活、维持生活的，如“生计”；表示不熟悉的、不常见的，如“生疏”“陌生”;表示甚、深，如“生疼”;表示人的称谓，如“学生”“医生”“武生”等。

看名家书写示范

和实生物

《国语 · 郑语》:“夫和实生物，同则不继。”指和谐、融合才能产生、发展万物。

2019
三月大

6

己亥年一月大 **三十日**	今日惊蛰	惊蛰05时09分 **星期三**

niú

[字解]

《说文解字》:“牛，大牲也。”本义为牛。“牛”还可以表示星名，属二十八宿之一，如“气冲斗牛”;表示固执、骄傲，如“牛气”等。

看名家书写示范

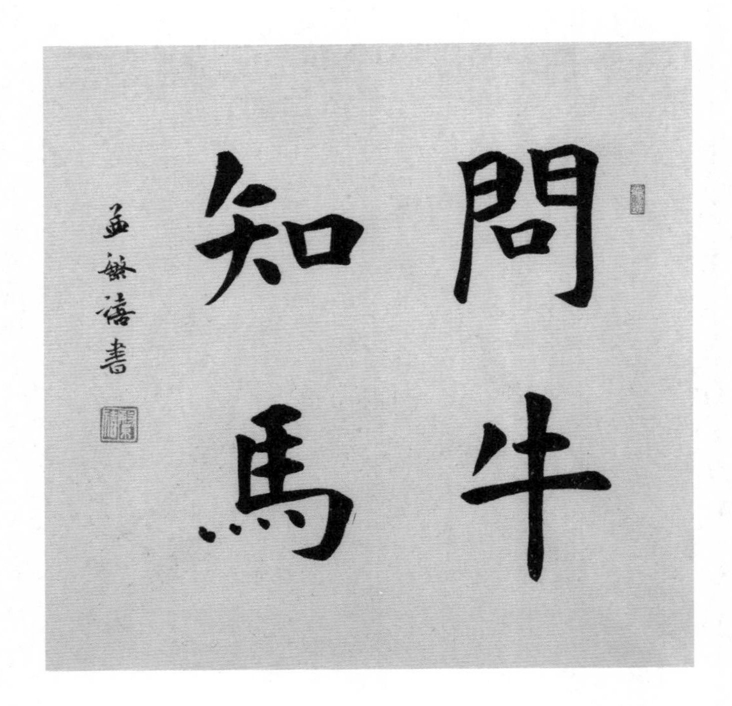

问牛知马

《汉书·赵广汉传》:“钩距者，设欲知马贾，则先问狗，已问羊，又问牛，然后及马，参伍其贾，以类相推，则知马之贵贱，不失实矣。”比喻从旁推究，弄清事情真相。

2019
三月大

己亥年二月小 **初一日**	十五春分	九九第四天 **星期四**

nǚ

[字解]

《说文解字》:“女，妇人也。”本义为女人，象女人之形。“女”还可以表示女儿，如“请勾践女女于王”;表示以女嫁人，如“宋雍氏女于郑庄公”；表示像姑娘，如“女而不妇”；表示柔弱，如“猗彼女桑”；表示雌性的，如“女猫”等。

看名家书写示范

五男二女

《诗经 · 召南》孔颖达疏引皇甫谧云：“武王五男二女。”有子五人，有女二人。后用以表示子孙繁衍，有福气。

2019

三月大

妇女节 **初二日**	十五春分	龙抬头 **星期五**

chálng / zhǎng

［字解］

《说文解字》:“长,久远也。”本义为时间久、距离远。“长”还可以表示优点、专精的技能，如“特长”；表示某事做得特别好，如“他长于写作”；表示生长、增加，如“长知识”；表示辈分高、年纪大、排行第一，如“长辈”“长兄”；表示领导人，如“部长”等。

看名家书写示范

道由白云尽　春与青溪长

语出刘昚虚《阙题》诗。道路绵延直到白云深处，春景伴随清溪不尽。

2019
三月大

9

10

星期六

星期日

九九第六天 初三日	十五春分	九九第七天 初四日

xiū

[字解]

《说文解字》:“修，饰也。”本义为装饰，使完美。“修”还可以表示兴建、建造，如“修建”;表示编纂、撰写，如“修撰”;表示钻研、学习、锻炼,如“修习”;表示长、高，如“修长”等。

看名家书写示范

修齐治平

《礼记 · 大学》:“古之欲明明德于天下者，先治其国；欲治其国者，先齐其家;欲齐其家者，先修其身。”即修身、齐家、治国、平天下。

2019
三月大

己亥年二月小 **初五日**	十五春分	九九第八天 **星期一**

jié

[字解]

《说文解字》:“洁，瀞也。”本义为洁净。引申为人的廉明、不贪污，如“廉洁”。

看名家书写示范

源清流潔

孟繁禧書於京華

源清流洁

《荀子》:“源清则流清，源浊则流浊。”比喻事物具有良好的开端，也有好的结果。或比喻身居高位的人清正，其属下也自清正。

12

己亥年二月小 **初六日**	十五春分	九九第九天 **星期二**

zhì

[字解]

《说文解字》:“至，鸟飞从高下至地也。从一,一犹地也。象形。不，上去;而至，下来也。”本义为到来。引申出极、最的含义，如“至亲”“至诚”等。

看名家书写示范

不积跬步　无以至千里

语出荀子《劝学》。要求我们凡事从点点滴滴做起。

2019

三月大

13

己亥年二月小 **初七日**	十五春分	**星期三**

dào

[字解]

《说文解字》:“到，至也。”本义为从别处来。“到”还可以表示往、去，如“到群众中去”；表示周全，如“面面俱到”；表示成功，如“得到”“办到”等。

看名家书写示范

水到渠成

苏轼《与章子厚书》:“恐年载间遂有饥寒之忧，不能不少念，然俗所谓水到渠成，至时亦必自有处置。”水流过处自然成渠。比喻事情条件完备，即会自然成功，不须强求。

2019
三月大

14

己亥年二月小 初八日	十五春分	星期四

guī

［字解］

《说文解字》:“归，女嫁也。”但《说文解字》所释乃就字形而言，“归”泛指返回、回到本处。“归”还可以表示还给，如“物归原主”；表示趋向、去往，如“归附”“众望所归”；表示合并，如“归并”；表示由、属于，如“这事归我办”等。

看名家书写示范

宾至如归

《左传·襄公三十一年》:“宾至如归，无宁灾患，不畏寇盗，而亦不患燥湿。”客人来到这里就好像回到自己的家里。形容主人招待亲切。

2019

三月大

15

己亥年二月小 初九日	十五春分	星期五

sè

[字解]

《说文解字》:“色，颜气也。”本义为颜色。“色”还可以表示情景、景象，如“行色匆匆”；表示种类，如“各色用品”；表示品质、质量，如“音色”“成色”；表示美貌，如“姿色”等。

看名家书写示范

色难

《论语·为政》:“子夏问孝，子曰：‘色难。有事，弟子服其劳；有酒食，先生馔，曾是以为孝乎？’”指对待父母要真心实意，不能只做表面文章。

2019
三月大

16

星期六

17

星期日

己亥年二月小 初十日	十五春分	己亥年二月小 十一日

yàn

[字解]

《说文解字》:“艳，好而长也。”本义为色彩鲜明。“艳”还可以表示羡慕,如“艳羡”;表示爱情方面的，如“艳史”;表示美丽，如“吴娃与越艳，窈窕夸铅红”。

看名家书写示范

百花争艳

花草树木竞相开放出艳丽的花朵。比喻新事物层出不穷，互相媲美。

2019

三月大

18

己亥年二月小 十二日	十五春分	星期一

gān

[字解]

《说文解字》:“甘，美也。”本义为味美。“甘”还可以表示甜，如“甘醴”；表示甜蜜动听的，如“今币重而言甘，诱我也”；表示及时，如“甘泽”;表示乐意，如“甘愿”等。

看名家书写示范

沛雨甘霖

无名氏《四贤记》:“情浓意长，情浓意长，沛雨甘霖，憔悴生香。”

充足而甘美的雨水。比喻恩泽深厚。

2019
三月大

19

己亥年二月小 **十三日**	十五春分	**星期二**

zhú

［字解］

《说文解字》:“竹，冬生草也。”本义为竹子。“竹”还可以表示竹制管乐器,如“丝竹管弦”；表示中国古代乐器八音之一。

看名家书写示范

梅兰竹菊

梅、兰、竹、菊属于“四君子”，品质分别为傲、幽、坚、淡，是中国人感物喻志的象征。

2019
三月大

20

己亥年二月小 十四日	明日春分	星期三

lǜ /lù

[字解]

《说文解字》:“绿，帛青黄色也。”本义为绿色。引申为使呈现绿色的含义，如“绿化”“脸都绿了”等。

看名家书写示范

春风又绿江南岸

王安石《泊船瓜洲》:“春风又绿江南岸，明月何时照我还。”“绿”字用在诗中变成了动词的使动用法，化十分容易传达的听觉、感觉而为视觉，既见出春风的到来，又表现出春风到后江南水乡的变化，一派生机，欣欣向荣，给人以强烈的美感。

21

己亥年二月小 十五日	今日春分	春分05时58分 星期四

zǐ

[字解]

《说文解字》:“紫，帛青赤色。”本义为紫色。紫色还是道教和某些朝代的统治者所崇尚的色彩，因而常在其宫室、服饰、用物前冠之以“紫”，如“紫衣”等。

看名家书写示范

紫芝眉宇

“紫芝眉宇”源于《新唐书 · 元德秀传》。紫芝是唐人元德秀的字。房琯曾感叹，自己每次见到元德秀眉宇溢出的灵气时，名利之心便皆尽去。后用来称颂人的德行高洁。

2019
三月大

22

己亥年二月小 **十六日**	初一清明	**星期五**

qīng

[字解]

《释名》:“青，生也。象物之生时色也。”本义为青色。“青”还可以表示绿色，如“青黄不接”；表示靛蓝色，如“青出于蓝而青于蓝”；表示黑色，如“青衫”；表示年轻，如“青春”；表示不成熟，如“青涩”等。

看名家书写示范

青出于蓝

荀子《劝学》:“青，取之于蓝而青于蓝；冰，水为之而寒于水。”青出于蓝指青色是从蓼蓝里提炼出来的，但是颜色比蓼蓝还深。用以比喻弟子胜于老师，或后辈优于前辈。

2019
三月大

23

星期六

24

星期日

己亥年二月小 十七日	初一清明	己亥年二月小 十八日

lán

[字解]

《说文解字》:“蓝,染青草也。”本义为一种草的名称。“蓝”还可以表示用靛青染成的颜色、天空的颜色,如“蔚蓝”等。

看名家书写示范

蓝田生玉

《三国志·诸葛恪传》:“孙权见而奇之,谓其父瑾曰:‘蓝田生玉,真不虚也。’”比喻贤能的父亲生得贤能的儿子。

2019
三月大

25

己亥年二月小 **十九日**	初一清明	**星期一**

MONDAY, MAR 25

huáng

[字解]

《说文解字》:“黄，地之色也。”本义为黄色。“黄”还可以特指黄河，如“黄灾”；特指黄帝，如“炎黄”；表示事情失败或计划不能实现，如“事情黄了”等。

看名家书写示范

黃鐘大呂

孟繁禧書

黄钟大吕

《周礼 · 春官 · 大司乐》:“乃奏黄钟，歌大吕，舞云门，以祀天神。”形容音乐或言辞庄严、正大、高妙、和谐。

2019

三月大

26

己亥年二月小 **二十日**	初一清明	**星期二**

huá

[字解]

《说文解字》:“华,荣也。”本义为花。“华”还可以表示美丽而有光彩的,如“华贵”;表示精英,如“含英咀华”;表示开花,如“华而不实”;表示繁盛,如“繁华”;表示奢侈,如“浮华”;表示头发花白,如“华发”;表示时光,如“韶华”;特指中国或汉族,如“华裔”等。

看名家书写示范

风华正茂

毛泽东《沁园春·长沙》:“恰同学少年,风华正茂;书生意气,挥斥方遒。”形容青年朝气蓬勃、奋发有为的精神面貌。

2019

三月大

27

己亥年二月小 **廿一日**	初一清明	**星期三**

xiāng

[字解]

《说文解字》:“香，芳也。”本义为香气。“香”还可以表示舒服，如“睡得香”；表示味道好，如“这鱼做得真香”；表示受欢迎，如“这东西在村里香得很”；表示有香味的东西，如“麝香”；形容女子事物或作女子的代称，如“香艳”等。

看名家书写示范

国色天香

李浚《摭异记》:“国色朝酣酒，天香夜染衣。”原形容颜色和香气不同于一般花卉的牡丹花。后也形容女子的美丽。

2019

三月大

28

己亥年二月小 **廿二日**	初一清明	**星期四**

xūn

[字解]

《说文解字》:“薰，香草也。” 本义为蕙草。“薰”还可以表示香气,如“薰莸不同器”等。

看名家书写示范

兰薰桂馥

骆宾王《上齐州张司马启》:“常山王之玉润金声，博望侯之兰薰桂馥，羽仪百代，掩梁窦以霞褰；钟鼎一时，罩袁杨而岳立。” 比喻世德流芳，历久不衰。

2019

三月大

29

己亥年二月小 **廿三日**	初一清明	**星期五**

sháo

[字解]

《说文解字》："韶，虞舜乐也。"本义为韶乐。"韶"还可以表示美，如"韶华"等。

看名家书写示范

韶光淑气

李世民《春日玄武门宴群臣》诗："韶光开令序，淑气动芳年。"形容春天的美好景象。

2019
三月大

30　31

星期六　**星期日**

己亥年二月小 **廿四日**	初一清明	己亥年二月小 **廿五日**

州縣人充編戶
氣淑年和邇安
遠肅群生咸遂
靈貺畢臻雖藉

己亥

fàng

［字解］

《说文解字》："放，逐也。"本义为驱逐到远方去。"放"还可以表示解脱约束，得到自由，如"豪放"；表示散，如"放学"；表示发出，如"放光"；表示借钱给别人，收取利息，如"放贷"；表示搁、置，如"放置"等。

看名家书写示范

百花齐放

李汝珍《镜花缘》："百花仙子只顾在此著棋，那知下界帝王忽有御旨命他百花齐放。"百花盛开，丰富多彩。比喻各种不同形式和风格的艺术自由发展，也形容艺术界的繁荣景象。

2019
四月小

己亥年二月小 **廿六日**	初一清明	**星期一**

qín

[字解]

《说文解字》:“禽，走兽总名。”本义为鸟、兽的总称。“禽”有时特指鸟类,如“家禽”;或者用作“擒”，如“不禽二毛”。

看名家书写示范

池塘生春草　园柳变鸣禽

语出谢灵运诗《登池上楼》，描绘了春天的鲜活景象。

2019
四月小

己亥年二月小 廿七日	初一清明	星期二

yáng

［字解］

《说文解字》:“扬，飞举也。”本义为高举、向上。“扬”还可以表示簸动、向上播散，如“扬汤止沸”；表示在空中飘动，如“飘扬”；表示称颂、传播，如“扬名”。

看名家书写示范

激浊扬清

《旧唐书 · 王珪传》:“至如激浊扬清，嫉恶好善，臣于数子，亦有一日之长。”冲去污水，让清水上来。比喻清除坏的，发扬好的。

2019

四月小

己亥年二月小 廿八日	初一清明	星期三

WEDNESDAY, APR 3

jī

[字解]

《说文解字》:“机，木也。”本义为木名。“机”还可以表示事物发生的枢纽，如“契机”；表示与事情成败有重要关系的中心环节，如“军机”;表示合宜的时候，如“时机”；表示装置、设备，如“机器”；表示生物体器官的作用，如“机能”;表示灵活，如“机智”等。

看名家书写示范

生机盎然

充满生机和活力。形容生命力旺盛的样子。

2019
四月小

4

己亥年二月小 **廿九日**	明日清明	**星期四**

míng

[字解]

《说文解字》:“明，照也。”《易·系辞》:“日月相推，而明生焉。”本义为明亮。“明”还可以表示懂得、了解，如“不明事理”；表示公开、不隐蔽,如“挑明了”;表示看清，如“明察秋毫”；表示睿智，如“明君”；表示视觉，如“失明”;表示神灵，如“明器”等。

看名家书写示范

春光明媚

宋方壶《斗鹌鹑 · 踏春》:“时遇着春光明媚，人贺丰年，民乐雍熙。”指春日的景色鲜艳悦目。

2019

四月小

己亥年三月大 **初一日**	今日清明	清明9时51分 **星期五**

jǐn

[字解]

《说文解字》:“锦，襄邑织文。”本义为锦绣。引申为鲜明美丽，如“锦笺”等。

看名家书写示范

前程似锦

形容前途如锦绣一样十分美好。多用于祝福语。

2019
四月小

6 星期六		7 星期日
己亥年三月大 **初二日**	十六谷雨	己亥年三月大 **初三日**

xīn

[字解]

《说文解字》:“新，取木也。”“新”的“伐木”之意在为“薪”所替代之后，更多表示刚有、初始等意义。“新”还可以表示不久以前，如“新近”；表示异于旧质的状态和性质，如“新时代”等。

看名家书写示范

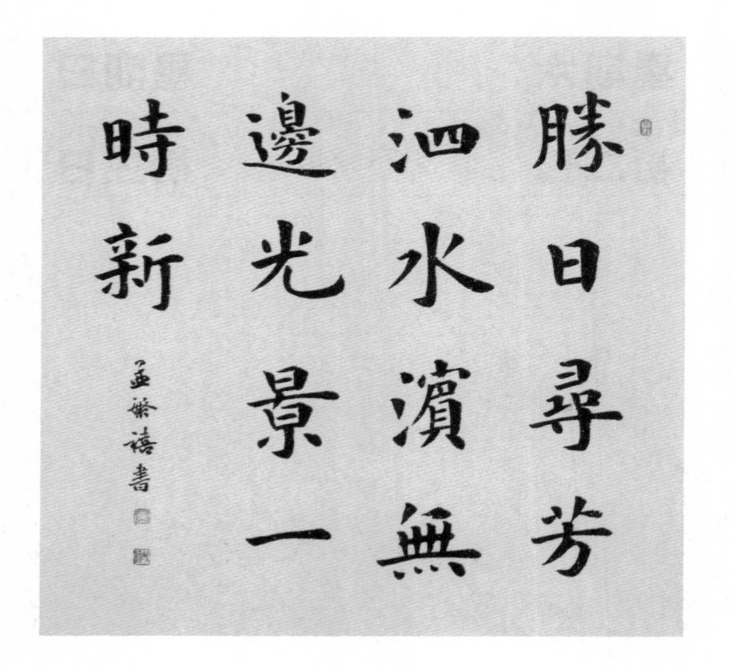

胜日寻芳泗水滨　无边光景一时新

语出朱熹《春日》诗。风和日丽，游春在泗水之滨，无边无际的风光焕然一新。也有人说，诗中的“泗水”暗指孔门，因为春秋时孔子曾在洙、泗之间弦歌讲学，教授弟子。因此，所谓“寻芳”即是指求圣人之道。在诗中，诗人将圣人之道比作催发生机的春风。

2019

四月小

己亥年三月大 **初四日**	十六谷雨	**星期一**

róng

[字解]

《说文解字》:“融,炊气上出也。”本义为受热上扬的炊气。“融”还可以表示固体受热变软或液化,如“融化”;表示调合,如“融合”;表示流通,如“金融”;表示长远、永久,如“融裔”等。

看名家书写示范

融會貫通

孟繁禧書

融会贯通

朱熹《朱子全书》:“举一而三反,闻一而知十,乃学者用功之深,穷理之熟,然后能融会贯通,以至于此。”指把各方面的知识、道理贯穿起来,从而得到系统透彻的理解。

2019
四月小

己亥年三月大 **初五日**	十六谷雨	**星期二**

xié

[字解]

《说文解字》:“谐,洽也。”本义为和洽。“谐”还可以表示滑稽,如“诙谐”等。

看名家书写示范

凤友鸾谐

黄六鸿《福惠全书》:“曲榭幽廊,皆凤友鸾谐之所也。”比喻男女之间情投意合。

2019
四月小

10

己亥年三月大 **初六日**	十六谷雨	**星期三**

shōu

[字解]

《说文解字》:“收，捕也。”本义为收捕。“收”还可以表示收拾;表示聚集，如“收集”;表示接受、保存，如“收管”;表示停顿、终止，如“曲终收拨当心画”;表示征收，如“收租税”;表示占取，如“尽收其地”;表示收获，如“丰收”;表示收入，如“收支”;表示收割，如《史记·太史公自序》:“春生夏长，秋收冬藏。”

看名家书写示范

兼收并蓄

朱熹《己酉拟上封事》:“小人进则君子必退，君子亲则小人必疏，未有可以兼收并蓄而不相害者也。”指把各种不同的东西收罗、包含在内。

2019
四月小

11

己亥年三月大 **初七日**	十六谷雨	**星期四**

qià

[字解]

《说文解字》:“洽，沾也。”本义为沾湿、浸润。“洽”还可以表示和洽，如“洽此其邻”；表示跟人商量，如“面洽”；表示广博、周遍，如“博识洽闻”等。

看名家书写示范

仁洽道丰

语出张衡《东京赋》。指仁心广博，学养丰厚。

2019

四月小

12

己亥年三月大 初八日	十六谷雨	星期五

jiǔ

[字解]

《说文解字》:“酒，就也，所以就人性之善恶。”本义为用高粱、大麦、米、葡萄或其他水果发酵制成的饮料。“酒”还可以表示饮酒,如“酒令”;表示以酒荐祖庙，如罗振玉《殷墟文字类编》所谓“卜辞所载之酒字为祭名，考古者酒熟而荐祖庙，然后天子与群臣饮之于朝”等。

看名家书写示范

金龟换酒

李白《对酒忆贺监诗序》:“太子宾客贺公，于长安紫极宫一见余，呼余为‘谪仙人’，因解金龟，换酒为乐。”金龟，唐代官员的一种佩饰。解下金龟换美酒。形容为人豁达，恣情纵酒。

2019

四月小

13		14
星期六		星期日
己亥年三月大 初九日	十六谷雨	己亥年三月大 初十日

chū

[字解]

《说文解字》:“初，始也。”本义为开始。引申为原来、本原，如“初衷”等。

看名家书写示范

不忘初心

习近平总书记在 2016 年 7 月 1 日建党 95 周年讲话中提到：“不忘初心，继续前进。”意在强调在前进途中不要忘记最初的使命。

2019

四月小

15

己亥年三月大 **十一日**	十六谷雨	**星期一**

tài

[字解]

《广雅·释诂》:“太，大也。”本义为极大。“太”还可以表示身份最高或辈数更高的，如“太史”“太庙”“太爷爷”;表示安宁的，如“太平”;表示过于，如“畏之太甚”等。

看名家书写示范

太平盛世

沈德符《章枫山封事》:“余谓太平盛世，元夕张灯，不为过侈。”指国家兴旺发达，社会秩序平定。

2019
四月小

16

己亥年三月大 十二日	十六谷雨	星期二

qián

[字解]

《说文解字》:“乾，上出也。”段注 :“孔子释之曰，‘健也。’健之义生于上出。上出为乾。下注则为湿。故乾与湿相对。俗别其音。古无是也。从乙。乙、物之达也。释从乙之旨。物达则上出矣。倝声。”本义为向上生长。后来用作八卦之一。由于“乾”卦以六个阳爻组成。自上一年的十一月始，阳气渐升，以复卦来表示，正月对应着泰卦，四月则对应着乾卦。“乾”还可以表示君主，如“乾化”;表示太阳，如“乾晖”; 表示西北方，如“乾雷”; 表示男性，如“乾宅”等。

看名家书写示范

朝乾夕惕

《易·乾卦》:“君子终日乾乾，夕惕若厉，无咎。”形容勤奋戒惧、兢兢业业，不敢稍有懈怠。

2019

四月小

己亥年三月大 **十三日**	十六谷雨	**星期三**

WEDNESDAY, APR 17

mǐn

[字解]

《说文解字》:“敏，疾也。”本义为迅疾。“敏”还可以表示勤勉，如“人道敏政”等。

看名家书写示范

讷言敏行

《论语·里仁》:“君子欲讷于言而敏于行。”讷言，说话谨慎；敏，敏捷。指说话谨慎，办事敏捷。

2019
四月小

18

己亥年三月大 **十四日**	十六谷雨	**星期四**

fán

[字解]

《说文解字》:“緐,马髦饰也。”段注:“马髦、谓马鬣也。饰亦妆饰之饰。盖集丝绦下垂为饰曰緐。引申为緐多。又俗改其字作繁。俗形行而本形废。引申之义行而本义废矣。”“繁”的字形本作“緐”,表示马头的饰物,在具体使用中,更多表示众多、繁多的意思。“繁”还可以表示盛大、旺盛,如“繁昌”;表示复杂,如“繁务”;表示茂盛,如“佳木秀而繁阴”等。

看名家书写示范

枝繁叶茂

孙柚《琴心记·鱼水重谐》:“愿人间天上共效绸缪,贺郎君玉润水清,祝小姐枝繁叶茂。”枝叶繁密茂盛。又比喻家族人丁兴旺,子孙众多。

2019

四月小

19

己亥年三月大 十五日	明日谷雨	星期五

yǔ

[字解]

《说文解字》:“雨，水从云下也。”本义为下雨。下雨是一种自然现象，但在春天，雨更为受人重视，“春雨贵如油”，所以，春天又有“谷雨”的节气。

看名家书写示范

泽雨无偏　心田受润

南朝梁简文帝《上大法颂表》:“泽雨无偏，心田受润。”指心灵受到陶冶，如同春雨滋润土地。

2019
四月小

20 星期六		21 星期日
谷雨16时55分 十六日	今日谷雨	己亥年三月大 十七日

sī

[字解]

《说文解字》:“丝，蚕所吐也。”本义为蚕丝、丝线。引申为像丝的东西,如“铁丝”。“丝”还可以表示极少或极小的量,如“一丝不差”;表示绵长的思绪或感情，如“情丝”;表示弦乐器，如“丝竹”等。

看名家书写示范

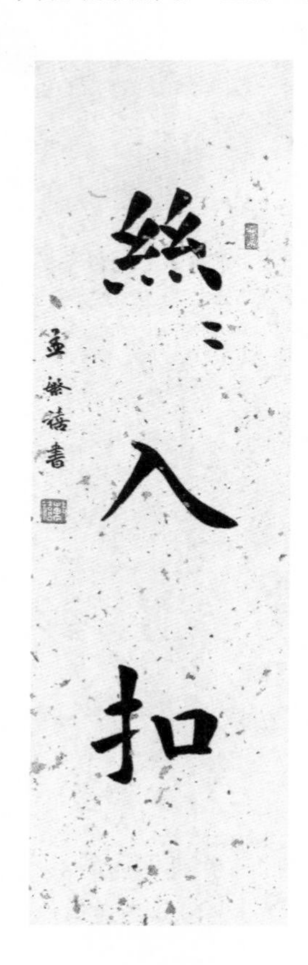

丝丝入扣

夏敬渠《野叟曝言》:“此为丝丝入扣，暗中抛索，如道家所云三神山舟不得近，近者辄被风引回也。”本指织布的技巧纯熟，后来多比喻紧凑合度，准确合拍。

2019
四月小

22

己亥年三月大 **十八日**	初二立夏	**星期一**

shū

[字解]

《说文解字》:“书，箸也。”本义为书写，指将文字符号书写在一定的材料之上使各种意义显明。《释名》还说：“书，庶也。纪庶物也。”文字书写对沟通信息、情感交流、传承文化、推动整个社会的进步都具有极为重要的作用。“书”还可以表示装订成册的著作，如“著书立说”；表示信件，如“家书抵万金”;表示文书、文件，如“说明书”;作为《尚书》的简称,如“《书》曰”等。

看名家书写示范

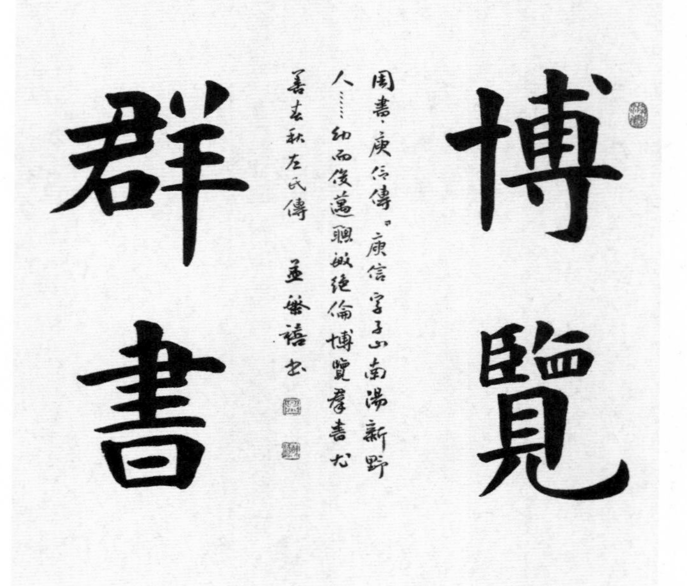

博览群书

《周书·庾信传》:“幼而俊迈，聪敏绝伦，博览群书，尤善《春秋左氏传》。”广泛地阅读各种书。形容读书很多。

2019

四月小

23

己亥年三月大 **十九日**	初二立夏	**星期二**

měi

[字解]

《说文解字》:“美，甘也。从羊从大。羊在六畜主给膳也。美与善同意。”本义为味美。“美”由味美而“引申之凡好皆谓之美”，如“美德”“美滋滋”“美言”等。

看名家书写示范

世济其美

《左传·文公十八年》:“世济其美，不陨其名。”孔颖达疏:“世济其美，后世承前世之美。”指后代继承前代的美德。

2019
四月小

24

己亥年三月大 二十日	初二立夏	星期三

kǒu

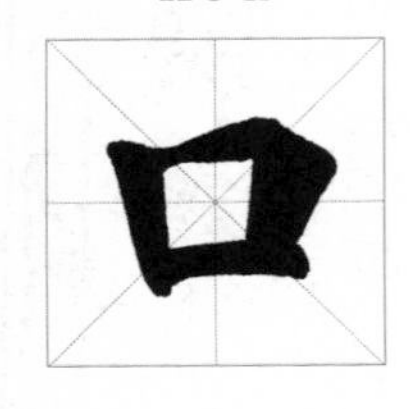

[字解]

《说文解字》:“口，人所以言、食也。”本义为嘴，象嘴之形。“口”还可以表示出入通过之处，如“火山口”“港口”；表示言语，如“口才”；表示年龄，如牲口年轻为“口小”;表示关口，如“口外”“口内”;表示锋刃，如“刀口”;表示非书写的，如“口头的”;表示量词,如“发炮数口”“三口之家”等。

看名家书写示范

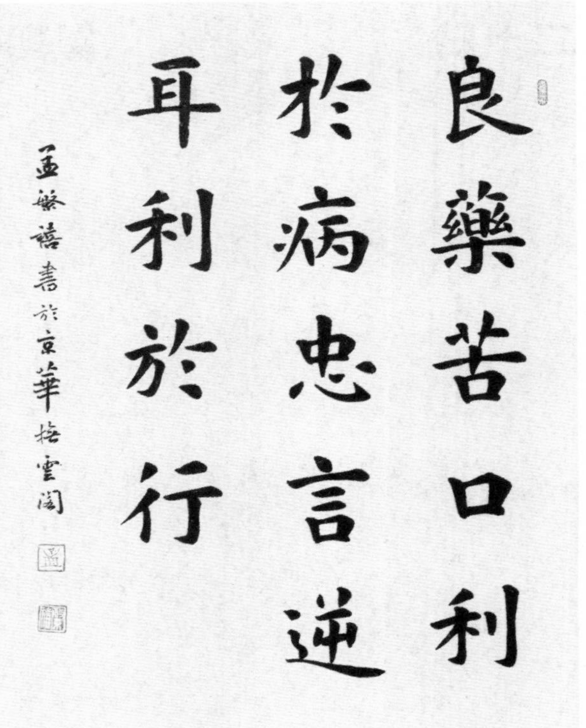

良药苦口利于病　忠言逆耳利于行

典出《孔子家语》。良药虽苦，却有利于疾病的治疗；忠言虽不动听，却有利于改正缺点。

2019
四月小

25

己亥年三月大 **廿一日**	初二立夏	**星期四**

shé

[字解]

《说文解字》:“舌，在口，所以言也、别味也。”本义为舌头。“舌”还可以代指言语，如“驷不及舌”;表示舌状物的泛称，如“帽舌”;表示装在铃铎内的锤或者管乐器的簧，如“木铎，金铃木舌”等。

看名家书写示范

慧心妙舌

慧心，原是佛教用语，指能领悟佛理的心，今泛指智慧。妙舌，指善于言辩，亦谓说话生动有致。指人的资质聪颖，口才犀利。

2019

四月小

26

己亥年三月大 廿二日	初二立夏	星期五

FRIDAY, APR 26

yán

[字解]

《说文解字》:“言，直言曰言，论难曰语。”本义为说话。“言”还可以表示记载,如“自古图牒,未尝有言者”;表示问,如“言问”;表示说明,如“言其利害”;表示著作,如“焚百家之言”等。

看名家书写示范

言信行直

言语信实，行为正直。

2019
四月小

27　　28

星期六　　星期日

己亥年三月大 廿三日	初二立夏	己亥年三月大 廿四日

xuān

[字解]

《说文解字》:“宣，天子宣室也。”本义为帝王的宫殿。在具体使用中，“宣”更多具有发生、散布、发散的意义。如“夏日阳气极盛，万物尽数宣露而出”。“宣”还可以表示宣纸，如“玉版宣”；表示宣布、宣读，如“日宣三德”；表示传达，如“宣令”；表示抒写、表白，如“虑之于心，而宣之于口”；表示诵读，如“照本宣科”；表示明白、了解，如“民未知信，未宣其用”；表示周遍，如“宣游”等。

看名家书写示范

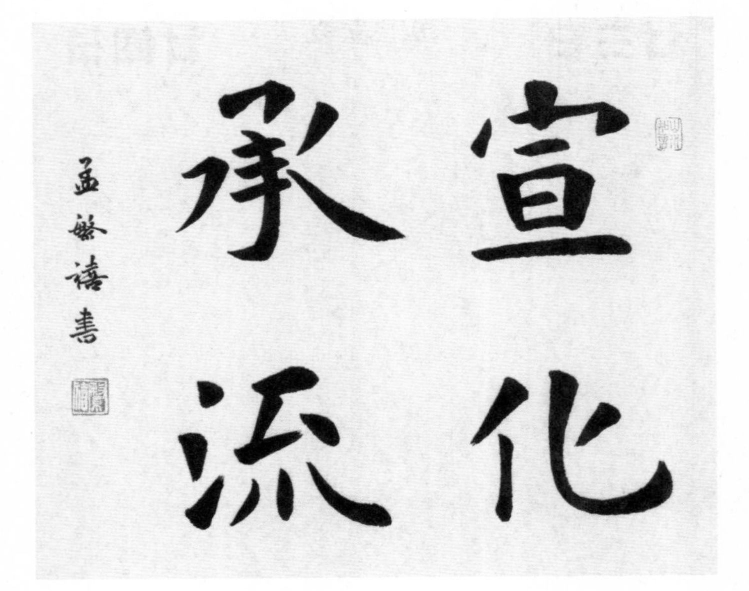

宣化承流

《汉书 · 董仲舒传》:“今之郡守、县令，民之师帅，所使承流而宣化也；故师帅不贤，则主德不宣，恩泽不流。”宣布恩德，承受风教。指官员奉君命教化百姓，可使文化流传，国家兴旺。

2019

四月小

29

己亥年三月大 廿五日	初二立夏	星期一

kǔ

[字解]

《说文解字》:“苦，大苦，苓也。”本义为苦菜。在具体使用中，“苦”更多指与“甘”“甜”相对的五味之一。“苦”还可以表示病、苦楚，如“苦竘之家”“苦车”；表示刻苦，如“苦读”；表示劳苦、辛苦，如“劳苦功高”；表示贫穷，如“苦哈哈”；表示困扰、困辱，如“苦根”；表示恨、怨嫌，如“人苦不知足”；表示竭力，如“杨朗苦谏不从”；表示甚、很，如“帝遂召武子苦责之”等。

看名家书写示范

同甘共苦

《战国策·燕策一》:“燕王吊死问生，与百姓同其甘苦。”指共同享受幸福，共同担当艰苦。

2019

四月小

30

己亥年三月大 廿六日	初二立夏	星期二

無停央上善降
祥上智斯悦流
謙潤下潺湲皎
潔萍旨醴甘冰

2019
5

pēn

[字解]

《说文解字》:“喷，吒也。”本义为怒叱。“喷”还可以表示喷出、喷射，如“喷薄而出”“喷嘶”；表示胡扯、闲扯，如“喷闲话”等。

看名家书写示范

嚼墨喷纸

据葛洪《神仙传》记载，传说班孟能含墨咀嚼后，将摆在面前的纸喷满具有意义的文字。后用以称扬人善写文章。

2019
五月大

己亥年三月大 **廿七日**	初二立夏	劳动节 **星期三**

bēn / bèn

[字解]

《说文解字》:“奔，走也。”本义为奔跑。“奔”还可以表示逃跑、逃亡，如“大奔曰败”；表示私奔，如“奔者为妾”；表示急速，如“奔流”等。

看名家书写示范

万马奔腾

凌濛初《初刻拍案惊奇 · 卷二十八》:“空中如万马奔腾，树杪似千军拥沓。”成千上万匹马在奔跑腾跃。形容群众性的活动声势浩大或场面热闹。

2019
五月大

己亥年三月大 **廿八日**	初二立夏	**星期四**

THURSDAY, MAY 2

dà / dài / tài

[字解]

《说文解字》:“大，天大，地大，人亦大。故大象人形。”本义为“大小”之“大”。比如,《则阳篇》曰 :“天地者，形之大。阴阳者，气之大。”农历四月是纯阳之月，当属阳气之最大者。人们通常以三阳居于下的泰卦卦象来标示正月，以六个阳爻的乾卦卦象来标示四月。“大”还可以表示重要，如“大事”;表示德高望重的，如“大方之家”；表示学识渊博的，如“大匠”；表示尊称对方，如“尊姓大名”;表示经常，如“不大回家”等。

看名家书写示范

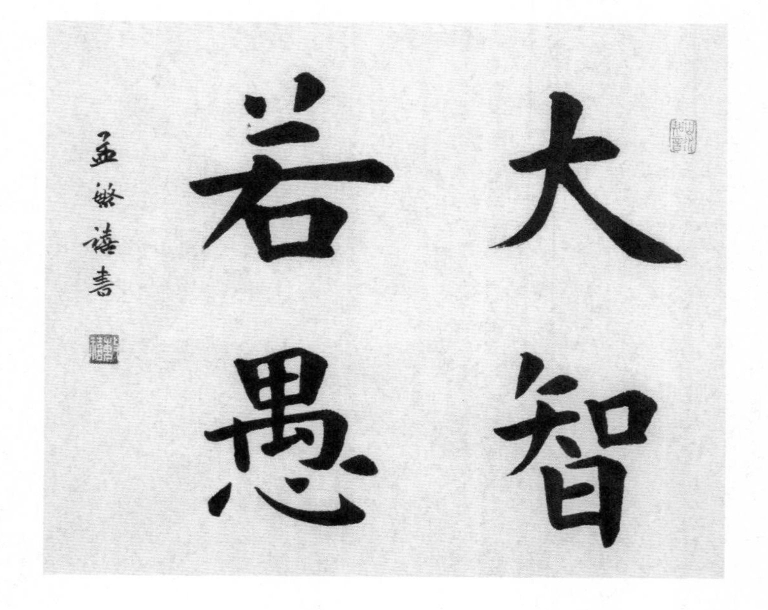

大智若愚

《老子 · 第四十一》:“大智若愚，大巧若拙，大音希声，大象无形。”指具有极高智慧的人往往表面上看起来似乎很平庸。

2019

五月大

3

己亥年三月大 **廿九日**	初二立夏	**星期五**

FRIDAY, MAY 3

lì

[字解]

《说文解字》:“立，住也。从大立一之上。”本义为站立。“立”还可以表示确定、决定，如“立说”;表示存在、生存,如“势不两立”;表示即位，如“乃立为王”；表示立时、立刻，如“立马”“立成”；表示制定、设立，如《礼记·月令》:“(农历四月)是月也，以立夏。”

看名家书写示范

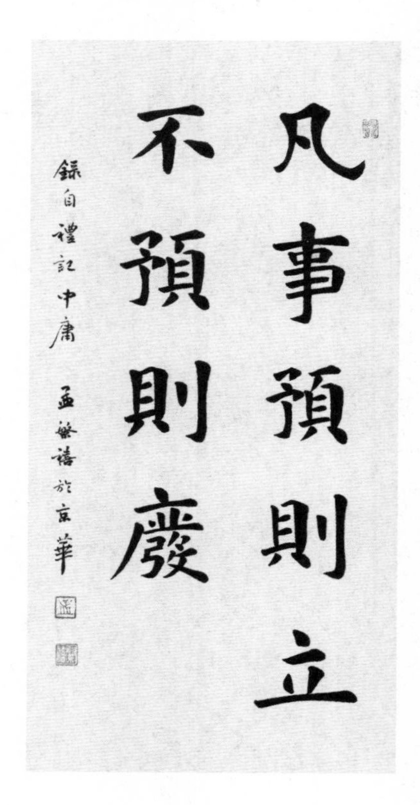

凡事预则立　不预则废

典出《礼记·中庸》。意在强调不论做什么事，事先多有准备，不然就会失败。

2019
五月大

4 星期六		5 星期日
青年节 三十日	明日立夏	己亥年四月小 初一日

xià

[字解]

《说文解字》:“夏，中国之人也。”“夏”的字形描绘了古代汉族人的形象，可以作为汉族、华夏、中国的代称。《月令七十二候集解》:“立夏，四月节。”在具体使用中，“夏”更多被用作夏季之意，表示从立夏到立秋的三个月时间，或者农历的四月、五月和六月。“夏”还可以表示朝代名，如“夏朝”;表示“大”，如“夏屋”;表示各种各样的颜色，如“夏缦”等。

看名家书写示范

春風夏雨

孟繁禧書 於京華

春风夏雨

刘向《说苑·贵德》:“吾不能以春风风人，吾不能以夏雨雨人，吾穷必矣。”春风和暖，夏雨滋润。比喻教育给人的感化和恩泽。

己亥年四月小 **初二日**	今日立夏	立夏3时02分 **星期一**

jiāo

[字解]

《说文解字》:“交，交胫也。从大，象交形。”本义为交叉。“交”还可以表示结交、交往，如“交友”;表示交接、移交，如“交易”；表示交配，如“交媾”；表示进入，如“交九的天气”；表示接触，如“故上兵伐谋，其次伐交”；表示付出，如“六日内交清”;表示朋友，如“故交”;表示互相，如“交相问难”等。在《莲生八戕》一书中写有:“孟夏之日，天地始交，万物并秀。”

看名家书写示范

水乳交融

释普济《五灯会元 · 卷十七》:“致使玄黄不辨，水乳不分。”

像水和乳汁融合在一起。比喻感情融洽。

2019

五月大

己亥年四月小 **初三日**	十七小满	**星期二**

shuǎng

[字解]

《说文解字》:“爽，明也。”本义为明亮、明丽。“爽”还可以表示畅快、舒适，如“爽怿”；表示明白、明智，如“爽悟”；表示开朗，如“豪爽”;表示开阔、宽阔，如“沃野爽且平”；表示差错、失误，如“女也不爽”；表示丧失、失去，如“爽期”；表示伤败、败坏，如“五味令人口爽”等。

看名家书写示范

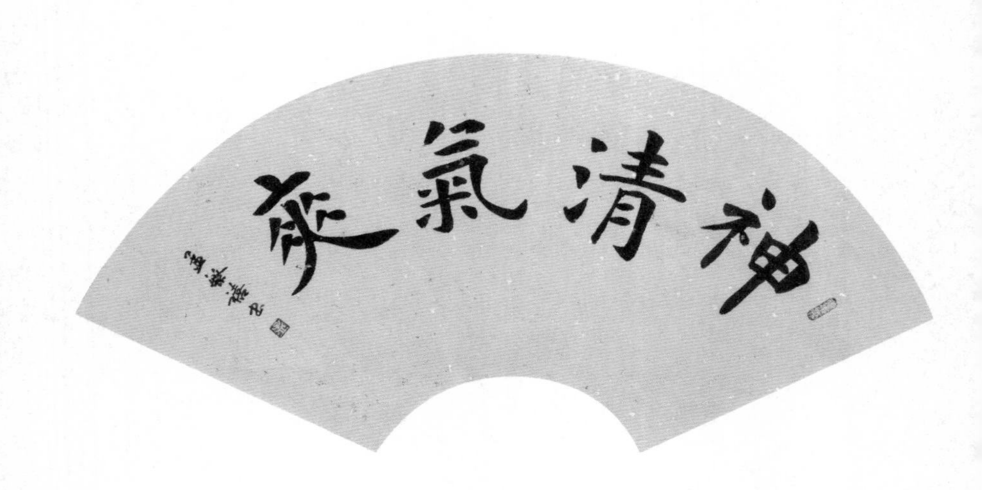

神清气爽

牛僧孺《续玄怪录 · 裴谌》:“香风飒来，神清气爽，飘飘然有凌云之意。”形容人神志清爽，心情舒畅。也指人长得神态清明，气质爽朗。

2019
五月大

己亥年四月小 **初四日**	十七小满	**星期三**

mèng

[字解]

《说文解字》:“孟，长也。”本义为妾、媵等所生长子，如“孟姜”。“孟”还可以表示初始的，如《玉篇》:“始也，四时之首月曰孟月。”农历四月即是夏季的第一个月。“孟”还可以表示姓氏,如“孟轲”等。

看名家书写示范

孟嘉落帽

根据《晋书 · 桓温传》记载，晋代孟嘉在宴席上虽被风将帽子吹落，仍显得洒脱风流。后形容才子名士的潇洒儒雅，才思敏捷。

2019

五月大

己亥年四月小 初五日	十七小满	星期四

sì

[字解]

《说文解字》:“四，阴数也。象四分之形。”本义为数字“四”。“四”还可以表示第四，比如，农历四月即是夏季的第一个月，是一年中的第四个月。

看名家书写示范

四通八达

苏轼《论纲梢欠折利害状》:“今之京师，古所谓陈留，四通八达之地，非如雍洛有山河之险足恃也。”四方相通的道路，形容交通便利。《朱子语类 · 读书法下》:“看文字不可落于偏僻，须是周匝。看得四通八达，无些窒碍，方有进益。”由道路通达引申为对事理明白晓畅，融会贯通。

2019

五月大

10

己亥年四月小 **初六日**	十七小满	**星期五**

mǔ

[字解]

《说文解字》:“母,牧也。”本义为母亲。《三字经》:“昔孟母,择邻处,子不学,断机杼。”尊敬父母，孝敬长辈，是中华民族的传统美德。四月初二作为孟子母亲的生日，是中国传统意义上的母亲节。“母”还可以用来尊称家族或亲戚中的长辈女子,如“伯母”;表示本源，如“母金”;表示雌性的，如“母大虫”等。

看名家书写示范

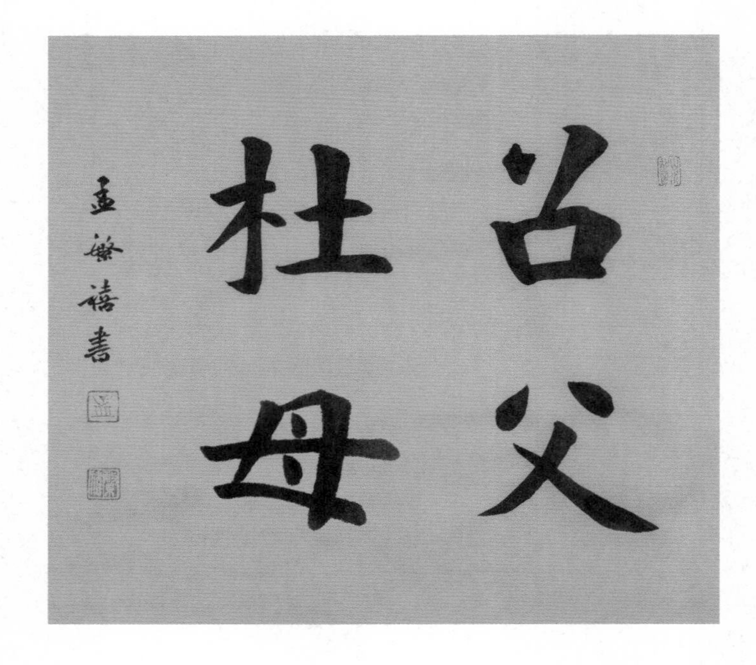

召父杜母

召父，指西汉召信臣。杜母，指东汉杜诗。根据《汉书·召信臣传》《后汉书 · 杜诗传》记载，召信臣和杜诗二人先后为南阳太守，博得百姓爱戴，故称为“召父杜母”。后用以称扬地方长官的政绩。

2019
五月大

11

12

星期六

星期日

己亥年四月小 初七日	十七小满	母亲节 初八日

sì

[字解]

《说文解字》:“巳，巳也。四月，阳气巳出，阴气巳藏，万物见，成文章，故巳为蛇，象形。”“巳”象蛇形，表示地支的第六位。在一年的十二个月中，“巳”对应着农历的四月。“巳”还可以标记时辰，即上午九时至十一时。

看名家书写示范

上巳雅集

公元 353 年上巳节，王羲之与子侄、朋友在会稽山阴举行了闻名后世的修禊活动，创作了被誉为“天下第一行书”的《兰亭序》。

2019
五月大

13

己亥年四月小 **初九日**	十七小满	**星期一**

MONDAY, MAY 13

lǚ

[字解]

《说文解字》:“吕,脊骨也。”本义为脊梁骨。“吕”还可以表示古国名，故地在今河南省南阳西;表示地名，如“吕县”“吕州”;表示姓氏，如“吕洞宾”等。《礼记·月令》:“(孟夏之月)律中中吕。”《史记·律书》:“中吕者，言万物尽旅而西行也。其于十二子为巳。”“中吕”为古乐十二律的第六律，其于十二月中对应着四月，因而亦用以称农历四月。

看名家书写示范

九鼎大吕

《史记·平原君列传》:“毛先生一至楚，而使赵重于九鼎大吕。”九鼎，相传夏禹铸九鼎，象征九州，是夏商周三代的传国之宝。大吕，周庙大钟。比喻说的话力量大，分量重。

2019

五月大

己亥年四月小 **初十日**	十七小满	**星期二**

TUESDAY, MAY 14

chán

[字解]

《说文解字》:“蝉，以旁鸣者。”本义为知了。《礼记·月令》:“仲夏之月，鹿角解，蝉始鸣，半夏生，木堇荣。”蝉在农历五月开始鸣叫。“蝉”还可以表示连续不断，如“蝉联”等。

看名家书写示范

蝉联蚕绪

沈辽《〈苏州承天寺永安长老语录〉序》:“昔如来以正法眼藏授大迦叶，蝉联蚕绪，以传于今。”比喻连续相承。

2019

五月大

15

己亥年四月小 **十一日**	十七小满	**星期三**

WEDNESDAY, MAY 15

wǔ

[字解]

《说文解字》:“五，五行也。从二，阴阳在天地间交午也。”本义为数字“五”。“五”除了可以充当基数，还可以作为序数表示第五。比如，农历五月作为夏季的第二个月，是一年中的第五个月。

看名家书写示范

五谷丰登

《六韬·龙韬·立将》:“是故风雨时节，五谷丰登，社稷安宁。”五谷，主要是指五种农作物，但说法多有不同，后世多以五谷为谷物的通称。登，成熟。指年成好，粮食丰收。

2019

五月大

16

己亥年四月小 十二日	十七小满	星期四

chóng

[字解]

《说文解字》:“虫，一名蝮，博三寸，首大如擘指。象其卧形。物之微细，或行，或毛，或蠃，或介，或鳞，以虫为象。”通用规范字的“虫”对应两个字形：一作为“虺”的本字，字形描绘蛇的形象，蛇对应巳，巳则是农历四月;二则“从三虫”，泛指所有的动物。但后来在具体使用中，二者并没有特别严格的区分。

看名家书写示范

虫薨同梦

《诗经·齐风·鸡鸣》:“虫飞薨薨，甘与子同梦。”《毛诗序》谓:“《鸡鸣》，思贤妃也。哀公荒淫怠慢,故陈贤妃贞女夙夜警戒相成之道焉。”魏源《默觚上·学篇二》:“康王晏朝,《关雎》讽焉；宣王晏起,《庭燎》刺焉；虫薨同梦,《齐风》警焉。是以‘夙夜匪懈’，大夫之孝也。”后以“虫薨同梦”为警戒人君勿荒淫于女色之典。

2019
五月大

17

己亥年四月小 **十三日**	十七小满	**星期五**

cán

[字解]

《说文解字》:“蚕，任丝也。”本义为一种能吐丝结茧的昆虫。《四民月令》:“(农历四月)蚕大食。”蚕于农历四月食量大增，准备结茧。“蚕”还可以表示蚕事、养蚕的工作，如“罗敷善蚕桑”等。

看名家书写示范

春蚕到死丝方尽　蜡炬成灰泪始干

语本李商隐《无题》。后来多用以赞美教师的辛勤工作。

18

星期六

19

星期日

己亥年四月小 十四日	十七小满	己亥年四月小 十五日

xiǎo

[字解]

《说文解字》:“小，物之微也。”本义为“大小”之“小”。“小”还可以表示稍、略,如“小富即安”;表示爱称,如“小冤家”;表示低微,如“小喽啰”;表示短暂,如“小别”;表示轻视，如“小瞧你了”;表示将近，比如，在农历四月有“小满”的节气，即指庄稼接近满成。

看名家书写示范

小往大来

《易·泰卦》:“泰，小往大来，吉亨，则是天地交而万物通也。”比喻人事的消长、变化，或者少数的资本换来大的利益。

2019

五月大

20

己亥年四月小 十六日	明日小满	星期一

mǎn

[字解]

《说文解字》:“满，盈溢也。”本义为填满、布满。“满”还可以表示足够，如“不满七尺”；表示全、整个，如“满目萧然”；表示饱满、丰满，比如，《月令七十二候集解》:“四月中，小满者，物至于此小得盈满。”至小满时，中国北方夏熟作物子粒逐渐饱满，早稻开始结穗，在禾稻上始见小粒的谷实。

看名家书写示范

守真志满

《千字文》:“守真志满。”真，本性、本质。志，志趣、心志。指保持本性纯真，心志饱满。

2019
五月大

21

己亥年四月小 十七日	今日小满	小满15时59分 星期二

zhòng

[字解]

《说文解字》:“仲，中也。”本义为时序、位次居中的。比如，农历五月因处于夏季三个月的中间，又被称之为仲夏。“仲”还可以表示第二，如“仲尼”等。

看名家书写示范

管仲随马

《韩非子 · 说林上》:“ 管仲、隰朋从于桓公而伐孤竹，春往冬反，迷惑失道。管仲曰 :‘老马之智可用也。’乃放老马而随之，遂得道。”后用以表示尊重前人的经验。

2019

五月大

22

己亥年四月小 十八日	初四芒种	星期三

bó

[字解]

《说文解字》:“勃，排也。”本义为推动。“勃”还可以表示兴起、旺盛,如“勃勃”；表示变容、变色的样子，如“勃如”；表示粉末、粉状物，如“有黄黑勃，着之污人手”等。

看名家书写示范

蓬勃向上

旺盛繁荣，积极向上。

2019

五月大

23

己亥年四月小 十九日	初四芒种	星期四

wǔ

[字解]

《说文解字》:“午，啎也。五月，阴气午逆阳。冒地而出。”本义为地支的第七位。在一年的十二个月中，“午”对应着农历的五月。“午”还可以表示纵横相交，如“一纵一横曰午”;表示违反、抵触，如“朝臣舛午”;用来计时,如“午时”“庚午之日”。

看名家书写示范

祁奚举午

典出《左传·襄公三年》。祁午，祁奚之子。祁奚推荐自己的儿子。指举贤不避亲，客观公正。

2019
五月大

24

己亥年四月小 **二十日**	初四芒种	**星期五**

FRIDAY, MAY 24

mǎ

[字解]

《说文解字》:“马，怒也。武也。象马头髦尾四足之形。”本义为家畜名。“马”还可以表示发怒时把脸拉长像马脸，如“马起面孔叫他们出去”；表示驾马，如“裘马过世家”；表示大的，如“马船”等。

看名家书写示范

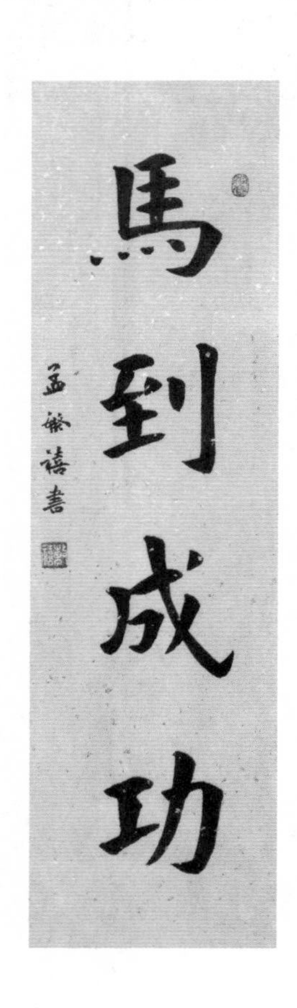

马到成功

无名氏《小尉迟》第二折：“那老尉迟这一去，马到成功。”形容工作刚开始就取得成功。

2019
五月大

25		26
星期六		星期日
己亥年四月小 廿一日	初四芒种	己亥年四月小 廿二日

téng

[字解]

《说文解字》:“腾，传也。”本义为马奔腾。“腾”还可以表示跳跃，如“腾空”；表示使房屋空出，如“腾房子给客人住”；表示突然、忽，如“腾地站起来”等。

看名家书写示范

龙腾虎啸

陈子龙《望下邳作七言古》:“龙腾虎啸势莫当，谁知芒砀云飞扬？”形容声势壮盛。

2019

五月大

27

己亥年四月小 廿三日	初四芒种	星期一

MONDAY, MAY 27

huǒ

[字解]

《说文解字》:“火，毁也。南方之行，炎而上。”象火之形，本义为燃烧所发出的光焰。作为五行之一,“火”对应着夏天，也代表了夏日火热的季节特征。“火”还可以表示紧急，如“火速”；表示枪炮弹药，如“火炮”；表示发怒，如“火暴”；表示发炎、红肿、烦躁，如“毒火攻心”；表示红色的，如“火红”；表示一火十个人的古代军队组织，如“一火”等。

看名家书写示范

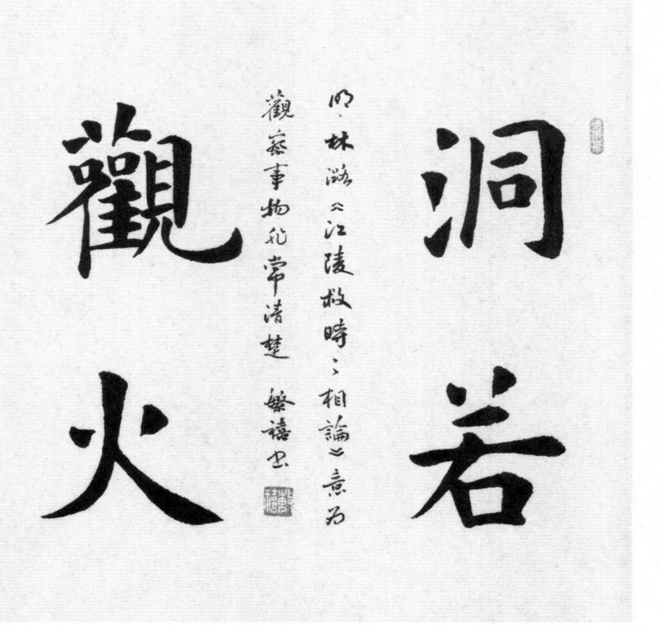

洞若观火

《尚书 · 盘庚上》:“予若观火。”洞，透彻。形容观察事物非常清楚，好像看火一样。

2019

五月大

28

己亥年四月小 廿四日	初四芒种	星期二

rè

[字解]

《说文解字》:“热，温也。”本义为温度高。“热”还可以表示满腔热情，如“热心肠”；表示有权势的，如“热官”；表示羡慕，如“热眼”；表示喧闹，如“热嘈嘈”；表示亲热，如“热嘴”；表示受人关注的，如“热门”；表示热性疾病，如“产褥热”；表示加温，如“加热”；表示烦躁，如“热恼”等。

看名家书写示范

不因人热

刘珍《东观汉记 · 梁鸿传》:“比舍先炊已，呼鸿及热釜炊。鸿曰 :‘童子鸿不因人热者也。’灭灶更燃火。”因，依靠。梁鸿不趁他人热灶烧火煮饭。比喻人格独立，不轻易依赖权势。

2019

五月大

29

己亥年四月小 **廿五日**	初四芒种	**星期三**

chì

[字解]

《说文解字》:“赤，南方色也。”本义为红色。“赤”还可以表示忠诚、真纯，如“赤心”；表示裸露，如“赤条精光”；表示尽、一无所有，如“赤手空拳”；表示除掉、诛灭，如“赤族”等。

看名家书写示范

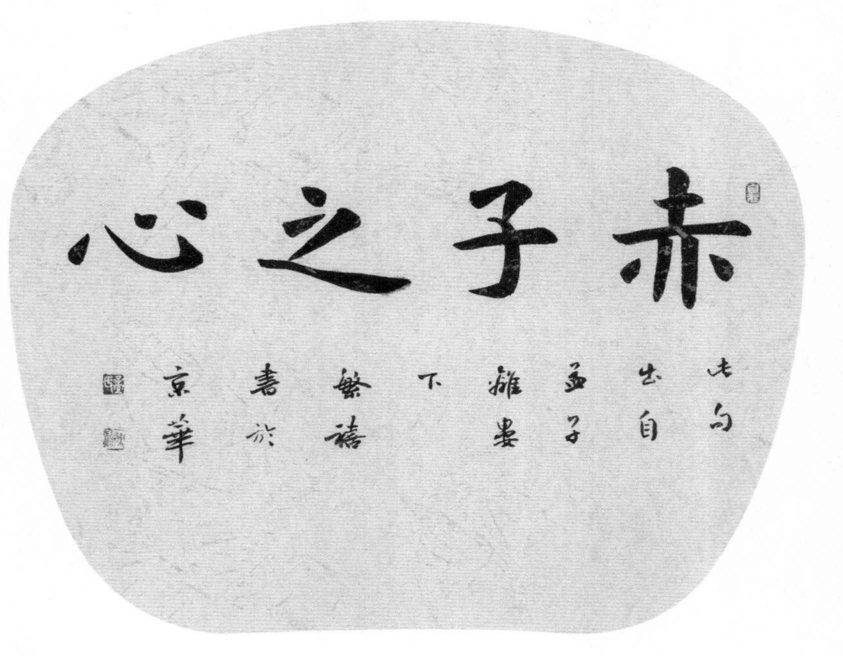

赤子之心

《孟子 · 离娄下》:“大人者，不失其赤子之心者也。”赤子，刚出生的婴儿。指如赤子般善良、纯洁、真诚的心地。

2019

五月大

30

己亥年四月小 廿六日	初四芒种	星期四

yán

[字解]

《说文解字》:“炎，火光上也。”本义为火苗升腾的样子。“炎”还可以表示红色，如“炎霞”；表示炎症，如“发炎”；表示权势，如“炎贵”；表示南方，如“炎丘”；表示太阳,如“炎精”;表示热,如“炎暑”等。

看名家书写示范

日长炎炎

《国语 · 吴语》:“夫越王好信以爱民，四方归之，年谷时熟，日长炎炎。”韦昭注:“炎炎,进貌。”形容气势兴盛、国运昌隆。

2019
五月大

31

己亥年四月小 **廿七日**	初四芒种	**星期五**

成疾同堯肌之
如腊甚禹足之
胼胝針石屢加
腠理猶滯爰居

2019
6

zhū

[字解]

《说文解字》:“朱，赤心木，松柏属。”根据许慎的解释，“朱”为“赤心木”，在具体使用中，“朱”更多具有红色的意思。在传统的观念中，“青”对应着春天，“朱”则对应着夏天。“朱”还可以表示朱砂，如“出赤盐如朱”;表示姓氏,如“朱德”等。

看名家书写示范

朱弦三歎

孟繁禧書

朱弦三叹

《礼记·乐记》:“《清庙》之瑟，朱弦而疏越，一倡而三叹，有遗音者矣。”比喻音乐的美妙。

2019

六月小

1

2

星期六

星期日

儿童节 **廿八日**	初四芒种	己亥年四月小 **廿九日**

dān

[字解]

《说文解字》:“丹，巴越之赤石也。”本义为朱砂。“丹”还可以表示道家炼制的长生不老药，如“炼丹”;表示颜料，如“凡画者丹质”；表示帝王的，如“丹跸”；表示红色,如“丹阙”;表示赤诚,如“丹诚”;表示南方，因为在古代的五行说中以五色配五方,南方属火,火色丹,如“丹山”等。

看名家书写示范

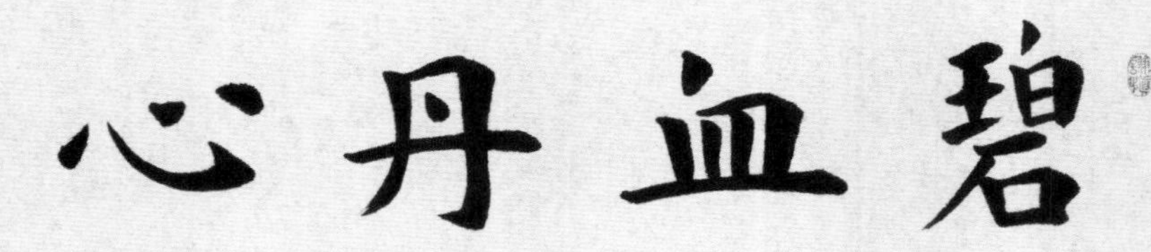

碧血丹心

《庄子 · 外物》:“苌弘死于蜀，藏其血，三年而化为碧。”满腔正义的热血，一颗赤诚的红心。形容十分忠诚坚定。

2019

六月小

3

己亥年五月大 **初一日**	初四芒种	**星期一**

MONDAY, JUNE 3

què / qiāo / qiǎo

[字解]

《说文解字》:“雀，依人小鸟也。”泛指小鸟，有时又特指麻雀。“雀”在口语词中也常被使用，如“雀斑”“雀盲眼”。还有一种神鸟,叫做“朱雀”或者“朱鸟”，在传统的观念中象征夏季。

看名家书写示范

雀献金环

戴复古《诘燕》诗:“不望汝如灵蛇衔宝珠,雀献金环来报德。”相传，汉代杨宝幼时将一受伤黄雀带回家中喂养，羽翼丰满后飞去。其夜化为黄衣童子，以白环四枚献宝，以示感激。后用以作为知恩报德之典。

2019

六月小

己亥年五月大 **初二日**	初四芒种	**星期二**

lí

[字解]

《说文解字》:“离，山神，兽也。”本义为山中猛兽。有时指其他的动物，如“双鸾游兰渚，二离扬清晖”中的凤鸟，“如虎如罴，如豺如离”中的龙等。“离”还可以表示古代女子出嫁时系的佩巾，如“申佩离以自思”；表示香草，如“扈江离与辟芷兮，纫秋兰以为佩”；表示离别、遭受、违背、经历；表示双、又；表示八卦之一，象征着火，象征着南方，象征着夏日。

看名家书写示范

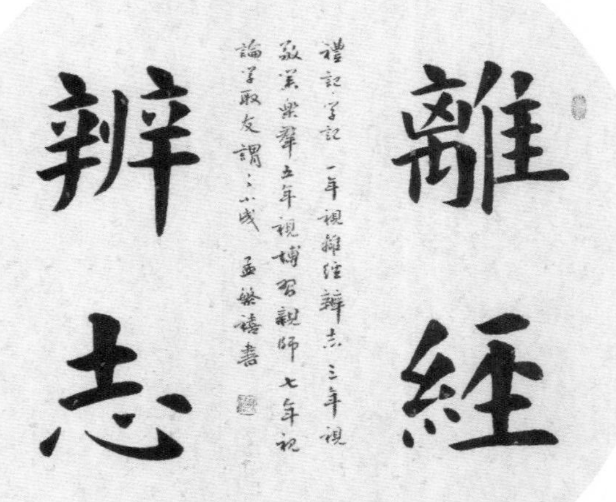

离经辨志

《礼记 · 学记》:“一年视离经辨志，三年视敬业乐群，五年视博习亲师，七年视论学取友，谓之小成。九年知类通达，强立而不反，谓之大成。”指解析经书文句，明察圣贤志向。

2019

六月小

己亥年五月大 **初三日**	明日芒种	**星期三**

máng

[字解]

《说文解字》:“芒,艸耑。”本义为谷类植物种子壳上或草木上的针状物。农历五月、阳历六月有芒种的节日。“芒”还可以表示光芒,如“芒炎”;表示锋刃,如“芒刃”;表示广大、众多,如“芒荒”等。

看名家书写示范

有作其芒

孟繁禧書

有作其芒

梁启超《谭嗣同传》:“干将发硎,有作其芒。”干将在磨刀石上磨出的剑刃发出了光芒。

2019

六月小

己亥年五月大 **初四日**	今日芒种	芒种07时06分 **星期四**

THURSDAY, JUNE 6

duān

[字解]

《说文解字》:“端，直也。”本义为站得直。“端”还可以表示正直，如“选天下之端士”;表示事物的一头或一方面,如“两端”;表示开头,如“发端”;表示征兆,如“端兆”;表示边际，如“端涯”;表示事由、原委，如“祸集非无端”;表示项目、种类,如“变化多端”；表示详审，如“端箭”；表示手平举拿物，如“端茶”;表示流露，如“有什么想法都端出来”等。

看名家书写示范

圭端臬正

孟繁禧書

圭端臬正

圭，土圭，测日影的仪器；臬，表臬，测广狭的仪器。像圭臬一样标准。比喻准则、典范。

 2019 六月小 

己亥年五月大 **初五日**	十九夏至	端午节 **星期五**

lì

[字解]

《说文解字》:“力，筋也。象人筋之形。”本义为体力、力气。“力”还可以表示能力，如“才力”;表示物质之间的相互作用，如“摩擦力”;表示劳役、仆役，如“力役”;表示功劳，如“治功曰力”;表示从事于，如“郡中莫不耕稼力田”;表示尽力，如“力请”。

看名家书写示范

同心协力

《梁书·王僧辩传》:“讨逆贼于咸阳，诛叛子于云梦，同心协力，克定邦家。”形容团结一致，共同努力。

2019

六月小

8

星期六

9

星期日

己亥年五月大 **初六日**	十九夏至	己亥年五月大 **初七日**

máng

[字解]

《集韵》:“忙，心迫也。”《说文解字》段注：“㠩即今之忙字。亦作茫。俗作忙。”古无“忙”字，常写作“㠩”或“茫”。本义为匆忙、忙碌。“忙”还可以表示赶快、赶紧，表示做事、工作，表示事情多、繁忙。

看名家书写示范

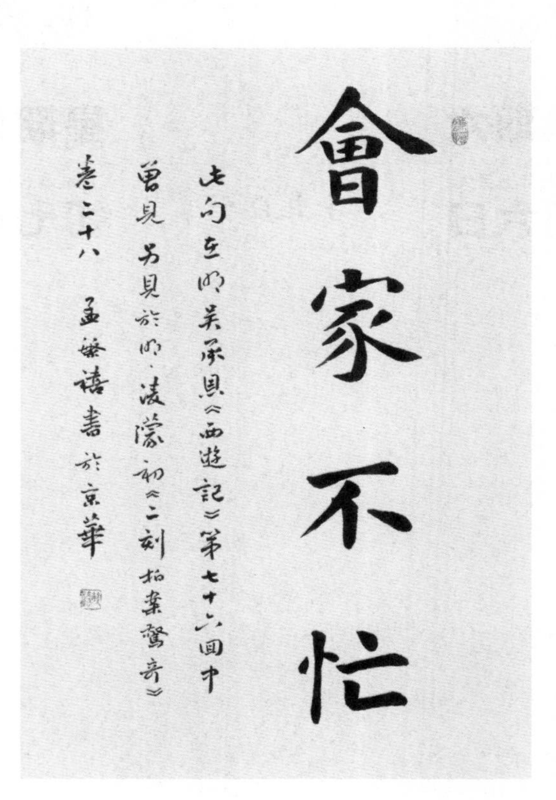

会家不忙

凌濛初《二刻拍案惊奇·卷二十八》:“程朝奉正是会家不忙，见接了银子，晓得有了机关。”指内行的人遇到熟悉的事情，能应付自如，不会慌乱。

2019

六月小

10

己亥年五月大 **初八日**	十九夏至	**星期一**

mài

[字解]

《说文解字》:“麦，芒谷。”本义为麦子。麦子有很多种类，我国以冬小麦居多，一般在农历五月、阳历六月收割。

看名家书写示范

麦穗两歧

《后汉书 · 张堪传》:“百姓歌曰 :‘桑无附枝，麦穗两岐，张君为政，乐不可支。’”一根麦长两个穗。比喻年成好，粮食丰收。

2019
六月小

11

己亥年五月大 初九日	十九夏至	星期二

TUESDAY, JUNE 11

dòu

[字解]

《说文解字》:“豆，古食肉器也。”根据许慎的解释，“豆”描绘了食肉器的形象，但在具体使用中，“豆”还假借为植物的名称。“豆”还可以表示容量单位，以四升为一豆;表示重量单位,以十六黍为一豆。

看名家书写示范

豆蔻年华

杜牧《赠别》:“娉娉袅袅十三余，豆蔻梢头二月初。”豆蔻，多年生草本植物，比喻处女。喻指女子十三四岁时。

2019

六月小

12

己亥年五月大 初十日	十九夏至	星期三

WEDNESDAY, JUNE 12

mǐ

[字解]

《说文解字》:“米，粟实也。象禾实之形。”本义为谷物和其他植物去壳后的子实。“米”还可以表示极少或极小的，如“米粒之珠”;表示长度单位，如“三米半”等。

看名家书写示范

畫沙聚米

語出清·錢謙益《李秀東六十壽序》：余與之規輿圖講戰守畫沙聚米方略井然 意指在沙上畫地圖聚米爲山谷指畫軍事形勢運籌決策 徐禧書

画沙聚米

钱谦益《李秀东六十寿序》:“与之规舆图，讲战守，画沙聚米，方略井然。”在沙上画地图，聚米为山谷。指分析形势，运筹决策。

2019
六月小

13

己亥年五月大 十一日	十九夏至	星期四

guā

［字解］

《说文解字》段注："瓜，蓏也……在木曰果，在地曰蓏。瓜者、縢生布于地者也。象形。"本义为草木蔓生植物的果实。"瓜"还可以表示形状像瓜的器物，如"瓜皮帽"；表示瓜成熟，如"瓜时而往"；表示分割，如"瓜分"等。

看名家书写示范

瓜瓞绵长

《诗经·大雅·绵》："绵绵瓜瓞，民之初生，自土沮漆。"瓞，小瓜。周朝开国的历史如瓜瓞般岁岁相继不绝，至太王迁岐地，才奠定了王业。后用来祝颂子孙繁衍昌盛。

2019

六月小

14

己亥年五月大 十二日	十九夏至	星期五

nán

[字解]

《说文解字》:“南，草木至南方，有枝任也。”本义为南方。在传统的观念中，东方对应着春天，南方则对应着夏天。“南”还可以表示官爵名，通“男”，如“郑伯，男南也”；表示姓氏，如“南怀瑾”；表示向南，如“南取汉中”等。

看名家书写示范

寿比南山

《诗经 · 小雅 · 天保》:“如月之恒，如日之升，如南山之寿。”寿命如终南山那样长久。为祝人长寿之辞。

2019

六月小

15 16

星期六　星期日

己亥年五月大 十三日	十九夏至	父亲节 十四日

ruí

[字解]

《说文解字》:“蕤，草木华垂貌。”本义为草木花下垂的样子。据《汉书·律历志》介绍，“律十有二，阳六为律，阴六为吕”，其中，“蕤宾”用作五月的代称。“蕤”还可以表示花，如“争抱寒柯看玉蕤”；表示衣服帐幔或其他物体上的悬垂饰物，如“大白冠、缁布之冠皆不蕤”等。

看名家书写示范

蕤宾铁响

据段安节《乐府杂录·琵琶》记载，唐武宗时期，李德裕带领乐工到郊外游玩，住在平泉别墅，晚上风清月朗，携琵琶到池上弹奏《蕤宾调》。突然有一东西掉到池岸上，发出铿锵之声，赶忙去看，原来是一片蕤宾铁，即用手指弹奏，其音律与乐器相应。后用以赞扬弹奏技艺的精妙超绝。

2019

六月小

17

己亥年五月大 **十五日**	十九夏至	**星期一**

pú

[字解]

《说文解字》:“蒲，水艸也。可以作席。”本义为蒲草。“蒲”还可以表示蒲杨，如“不流束蒲”;表示用草盖的圆顶屋，如“蒲屋”；表示樗蒲，如“蒲弈”；表示菖蒲，在旧俗的端午节，人们悬菖蒲于门楣为剑以避邪，故称农历五月为“蒲月”。

看名家书写示范

蒲鞭示辱

《后汉书·刘宽传》:“吏人有过，但用蒲鞭罚之，示辱而已，终不加苦。”对有罪过的人，只以蒲鞭稍加处罚，使对方能知耻改正。后比喻为政仁慈宽厚，或指极轻的刑罚。

2019

六月小

18

己亥年五月大 **十六日**	十九夏至	**星期二**

lán

[字解]

《说文解字》:“兰,香艸也。”本义为兰草。“兰”还可以表示兰花,如“兰香”;表示木兰,如“兰桨”等。

看名家书写示范

芝兰玉树

《晋书·谢安传》:“玄字幼度。少颖悟,与从兄朗俱为叔父安所器重。安尝戒约子侄,因曰:‘子弟亦何豫人事,而正欲使其佳?’诸人莫有言者,玄答曰:‘譬如芝兰玉树,欲使其生于庭阶耳。’”后用作对别人子弟的赞美之辞。

2019
六月小

19

己亥年五月大 十七日	十九夏至	星期三

liú

看名家书写示范

[字解]

《广韵》:“石榴，果名。”张华《博物志》:“张骞使西域回所得。”《博雅》:“若榴，石榴也。丹实垂垂若赘瘤也。”本义为石榴。石榴自西域进入华夏较晚，最初只记以“留”,之后才加“木”而写作“榴”字。比如,《广雅》曰:“若留，石榴也。”“榴”还可以表示武器名，如“榴弹炮”等。

朱唇榴齿

屈原《大招》:“魂乎归徕，听歌撰之。朱唇皓齿，嫭以姱只。”形容嘴唇红润，牙齿像石榴果实那样整齐。

2019

六月小

20

己亥年五月大 十八日	明日夏至	星期四

sāng

[字解]

《说文解字》:“桑，蚕所食叶木。”本义为桑树。“桑”还可以表示采桑叶，如“桑女”等。

看名家书写示范

敬恭桑梓

《诗经·小雅·小弁》:“维桑与梓，必恭敬止。”桑梓，桑树和梓树，古时家宅旁边常栽的树木，比喻故乡。喻指热爱、尊敬故乡。

2019

六月小

21

己亥年五月大 **十九日**	今日夏至	夏至23时54分 **星期五**

xiù

看名家书写示范

[字解]

《唐韵》:“秀，荣也，茂也，美也，禾吐华也。”本义为谷物抽穗扬花。《黄帝内经·素问》:“夏三月，此谓蕃秀。”意思是说，在夏天，动物生长繁殖，庄稼抽穗结实。“秀”还可以表示成长，如“秀茂”；表示美好，如“秀丽”；表示茂盛，如“秀草”；表示特异，如“优秀”；表示草木之花，如“采三秀兮于山间”等。

钟灵毓秀

左思《齐都赋》:“幽幽故都，萋萋荒台，掩没多少钟灵毓秀！”指山川秀美，人才辈出。

22

23

星期六

星期日

己亥年五月大 二十日	初五小暑	己亥年五月大 廿一日

gāo

[字解]

朱骏声《说文解字通训定声》:“皋，此字当训泽边地也。从白。白者，日未出时，初生微光也。圹野得日光最早，故从白，从本声。”本义为泽边地。“皋”还可以表示沼泽，如“皋原”；表示水田，如“耕东皋之沃壤兮”；表示高地，如“登东皋以舒啸”；表示虎皮，如“皋比”；表示农历五月，如《尔雅·释天》“五月为皋”，即言五月又叫皋月。

看名家书写示范

鹤鸣九皋

《汉书 · 东方朔传》:“诗云 :‘鼓钟于宫，声闻于外。’‘鹤鸣于九皋，声闻于天。’苟能修身，何患不荣！”颜师古注:“言处卑贱而声彻其高远。”比喻才德深厚，虽处于卑贱中，仍不掩其光芒。

2019
六月小

24

己亥年五月大 廿二日	初五小暑	星期一

liù

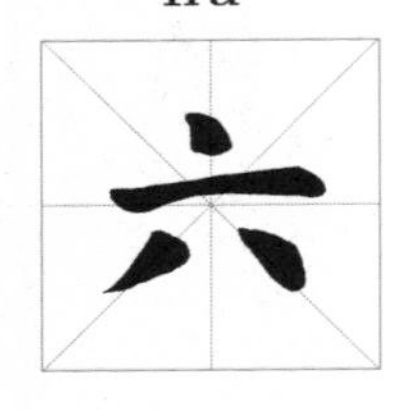

[字解]

《说文解字》:“六,《易》之数,阴变于六,正于八。”本义为数字“六”。“六”除了可以充当基数,还可以作为序数表示第六。比如,六月是一年中的第六个月。

看名家书写示范

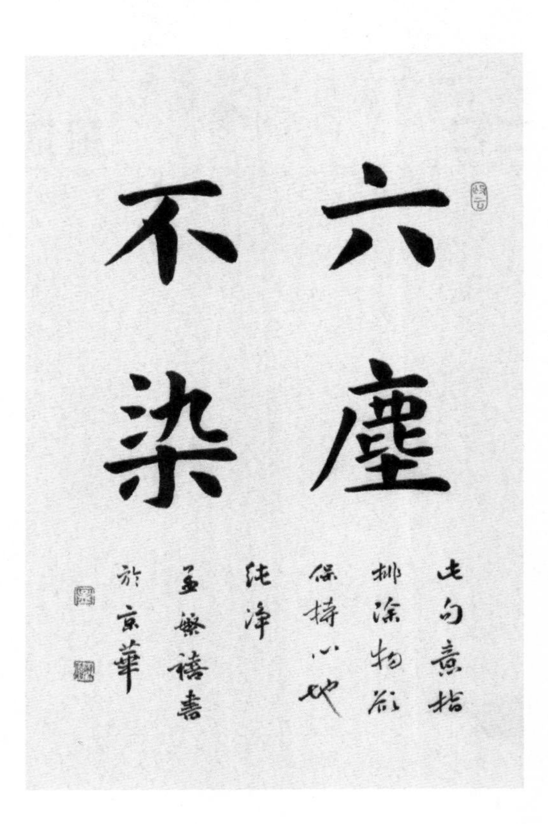

六尘不染

吴承恩《西游记》:“六尘不染能归一,万劫安然自在行。”指排除物欲,保持洁净。

2019

六月小

25

己亥年五月大 廿三日	初五小暑	星期二

TUESDAY, JUNE 25

jì

[字解]

《说文解字》:“季，少称也。”本义为排行最后的。“季”还可以表示下等的，如“季祖母”；表示物之幼嫩者，如“凡服耜斩季材”；表示一段时间，如“季节”；表示姓氏，如“季文子”；表示一年四季中每个季节的最后一个月，比如，农历六月是夏季的最后一个月，被称为“季夏”等。

看名家书写示范

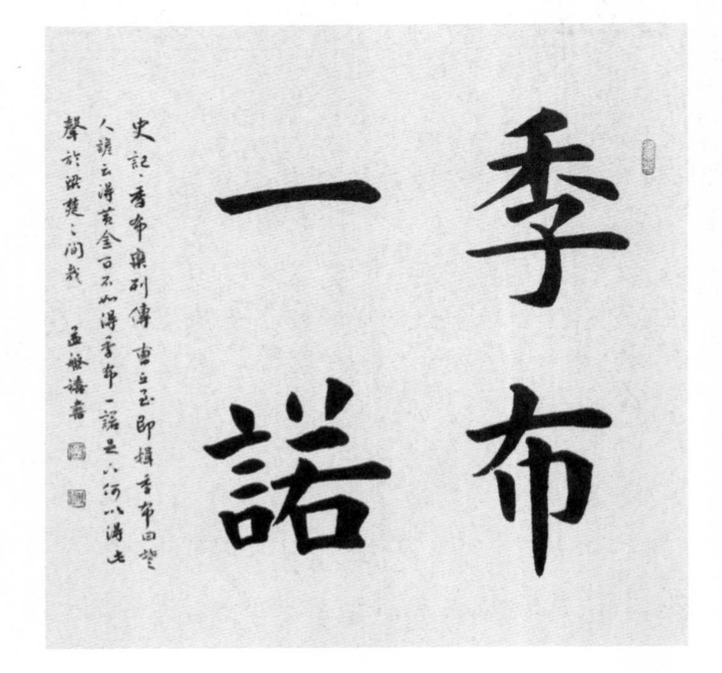

季布一诺

《史记 · 季布栾布列传》:“曹丘至，即揖季布曰 :‘楚人谚曰 : 得黄金百，不如得季布一诺。足下何以得此声于梁楚之间哉? ’”比喻极有信用，不食言。

2019

六月小

26

己亥年五月大 廿四日	初五小暑	星期三

WEDNESDAY, JUNE 26

fān / fán / bō

[字解]

《说文解字》:“蕃，艸茂也。”本义为繁盛。“蕃”还可以表示篱落、屏障，如“故封建亲戚以蕃屏周”；表示颊侧，如“蕃蔽在外”;表示九州之外的夷服、镇服、蕃服，如“蕃国”；表示轮流更替，如“蕃匠”；表示众多，如“水陆草木之花，可爱者甚蕃”;表示繁殖、增长，如“其生不蕃”等。

看名家书写示范

陳蕃下榻

陈蕃下榻

根据《后汉书 · 陈蕃传》记载，汉朝陈蕃在郡府不接待宾客，却为周璆在府内特设一榻，周离去后就把榻悬挂起来。后用以表示对贤才的器重或对宾客的礼遇。

2019

六月小

27

己亥年五月大 廿五日	初五小暑	星期四

THURSDAY, JUNE 27

kuí

[字解]

《说文解字》段注:“葵,菜也。崔寔曰:‘六月六日可种葵,中伏后可种冬葵。’”本义为向日葵。“葵”还可以表示蔬菜名,如“葵菹”等。

看名家书写示范

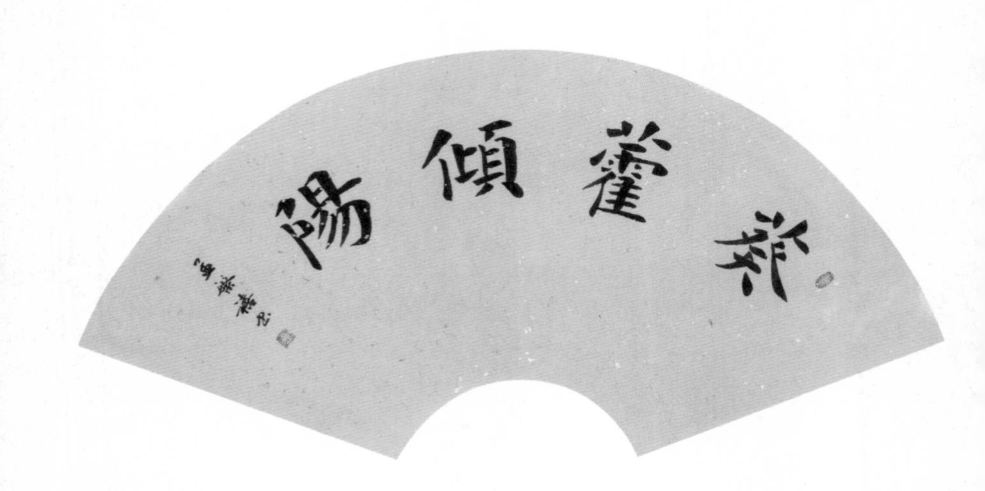

葵藿倾阳

杜甫《自京赴奉先县咏怀五百字》:“葵藿倾太阳,物性固难夺。”葵,葵花;藿,角豆。葵花和角豆的叶子倾向太阳。后比喻人的一心向往或者坚贞忠心。

2019
六月小

28

己亥年五月大 **廿六日**	初五小暑	**星期五**

hù

[字解]

《说文解字》:“户，护也。半门曰户。”本义为单扇门。由门户引申出人家的含义，如“户口”“门当户对”等。

看名家书写示范

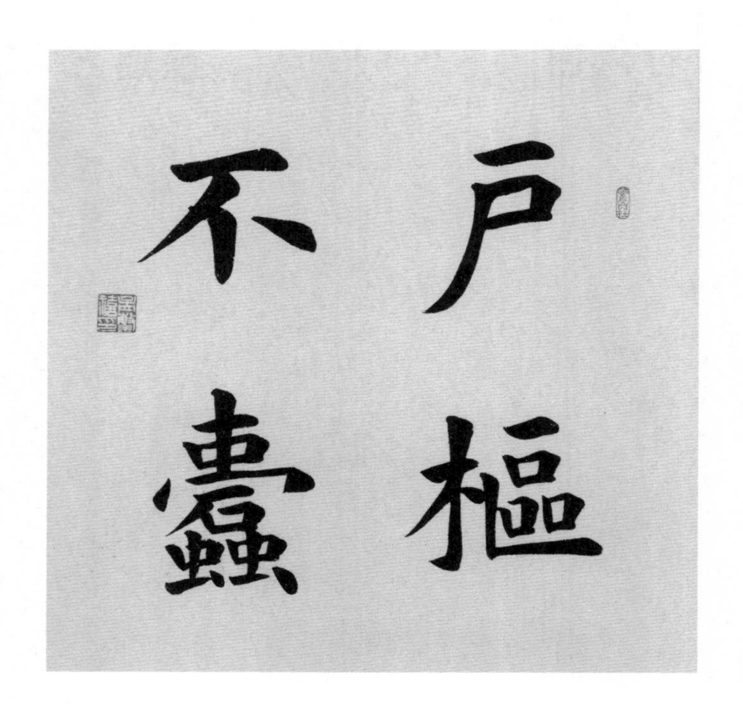

户枢不蠹

《吕氏春秋》:“流水不腐，户枢不蠹，动也。”门轴不受虫蛀。比喻常运动的东西不容易受侵蚀。

2019

六月小

29　　30

星期六　　星期日

己亥年五月大 廿七日	初五小暑	己亥年五月大 廿八日

力惜十家之產深閉固拒未肯俯從以為隨氏舊宮營於曩代

己亥

mù

[字解]

《说文解字》:“慕，习也。”本义为向往、依恋。“慕”还可以表示仰慕,如“羡慕”等。

看名家书写示范

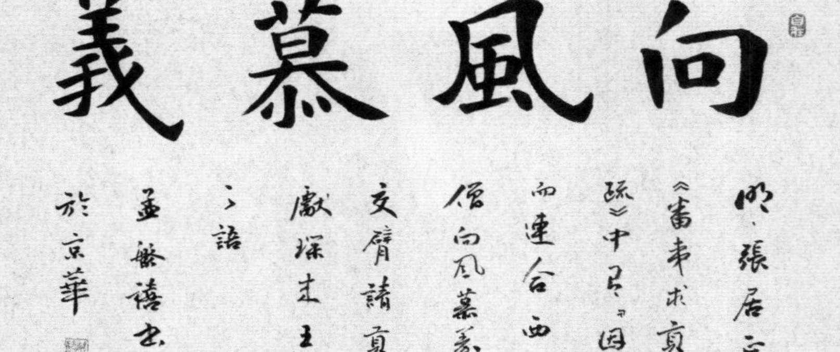

向风慕义

张居正《番夷求贡疏》:“因而连合西僧，向风慕义，交臂请贡，献琛来王。”指向往其教化，仰慕其礼义。

1

己亥年五月大 廿九日	初五小暑	建党节 星期一

huái

[字解]

《说文解字》:“怀，念思也。”本义为想念、怀念。“怀”还可以表示心里存有，如“怀其璧”; 表示包容、包围，如“怀挟”; 表示有孕，如“身怀六甲”;表示归向、依恋，如“怀化”; 表示安抚，如“而怀西戎”; 表示胸口、怀抱，如“怀襟”等。

看名家书写示范

怀瑾握瑜

屈原《九章 · 怀沙》:“怀瑾握瑜兮，穷不知所示。”比喻人具有纯洁、高尚的品德。

2019

七月大

2

己亥年五月大 **三十日**	初五小暑	**星期二**

TUESDAY, JULY 2

huì

[字解]

《说文解字》："惠，仁也。"本义为仁爱。"惠"还可以表示柔顺、顺从，如"惠来"；表示美好，如"惠声"；表示恩惠，如"惠渥"；表示恩爱、宠爱，如"小人怀惠"；表示给予好处，如"惠赠"；表示付账，如"惠而不费"等。

看名家书写示范

秀外惠中

韩愈《送李愿归盘谷序》："曲眉丰颊，清声而便体，秀外而惠中。"形容外貌秀美，内心慧敏。

2019
七月大

己亥年六月小 初一日	初五小暑	星期三

WEDNESDAY, JULY 3

chuán / zhuàn

[字解]

《说文解字》:“传，遽也。”本义为传递、传送。“传”还可以表示传授，如“师者，所以传道授业解惑也”；表示让位，如“传位”；表示流传，如“此世所以不传也”；表示表达，如“传真”；表示召、叫来，如“老太太那里传晚饭了”等。

看名家书写示范

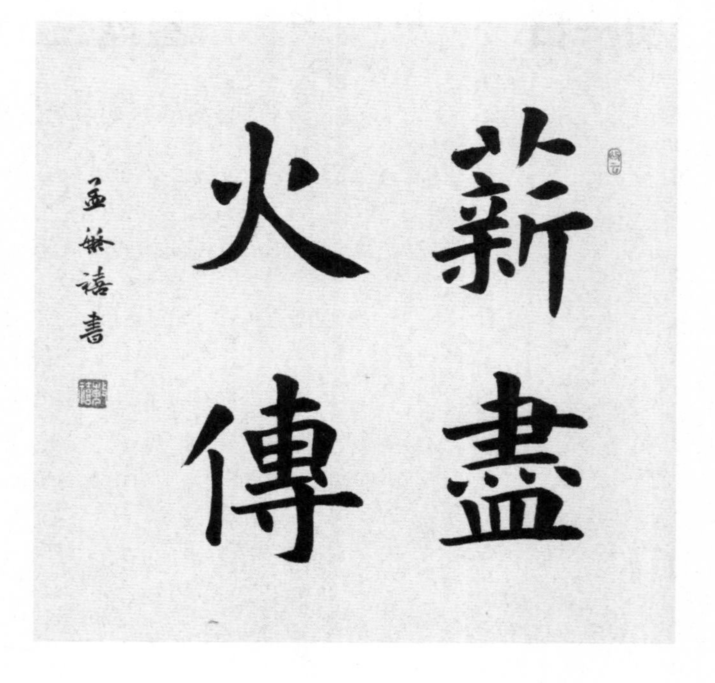

薪尽火传

《庄子 · 养生主》:“指穷于为薪，火传也，不知其尽也。”柴薪烧尽了，而火种仍可留传。后比喻师生授受不绝，传承绵延不尽，世代相传。

2019

七月大

己亥年六月小 **初二日**	初五小暑	**星期四**

zhǎn

[字解]

《说文解字》:“展，转也。”本义为辗转、转动。“展”还表示舒展，如“展眉舒眼”；表示进入视野，如“展目”；表示延长、放宽，如“展延”；表示扩大，如“开疆展土”；表示陈述，如“展谢”；表示发挥，如“施展”；表示陈列，如“展品”等。

看名家书写示范

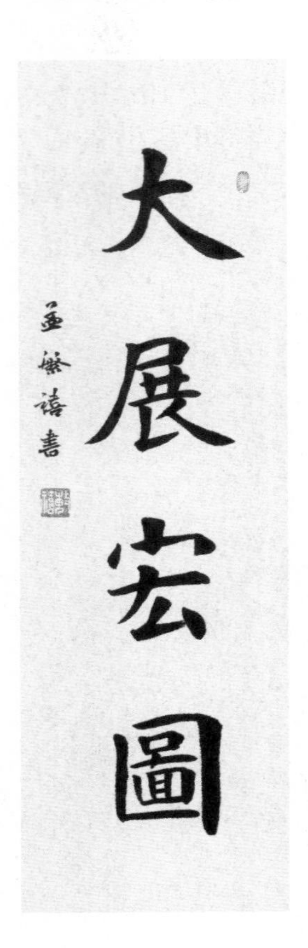

大展宏图

韩愈《为裴相公让官表》:“启中兴之宏图，当太平之昌历。”指大规模地实施宏伟远大的计划或抱负。

2019
七月大

5

己亥年六月小 **初三日**	初五小暑	**星期五**

shǔ

[字解]

《说文解字》:“暑，热也。”本义为炎热。由于炎热是夏日的典型特征，“暑”可以表示炎热的日子或者夏季，如“寒暑不兼时而至”“寒暑易节”等。

看名家书写示范

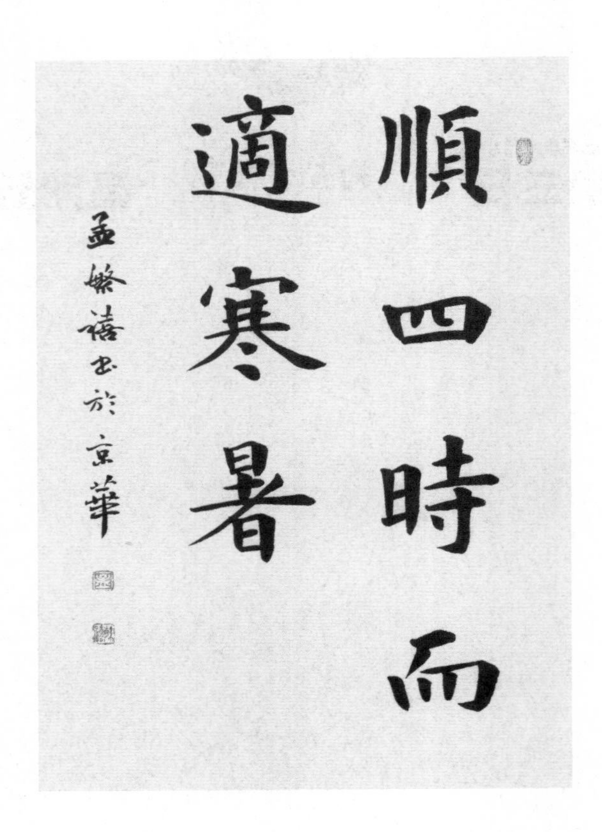

顺四时而适寒暑

《黄帝内经 · 灵枢》:“智者之养生也，必顺四时而适寒暑，和喜怒而安居处，节阴阳而调刚柔，如是则僻邪不至，长生久视。”智者养生，须顺应四季的时令，以适应气候的寒暑变化。

2019
七月大

6		7
星期六		星期日
己亥年六月小 初四日	今日小暑	小暑17时20分 初五日

dāo

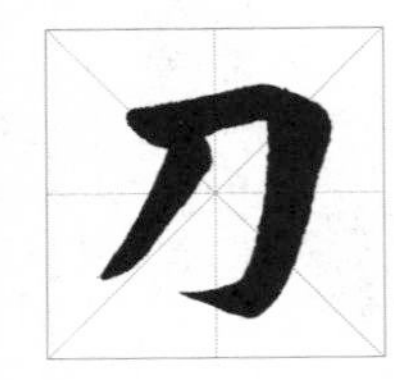

[字解]

《说文解字》:“刀，兵也。”本义为古代兵器名。“刀”还可以泛指用来斩、割、切、削、砍、铡的工具，如“刀锯”；表示形状像刀的东西，如“刀币”；表示小船，如“谁谓河广，曾不容刀”；表示数量，如“我买了两刀纸”等。

看名家书写示范

善刀而藏

《庄子·养生主》:“提刀而立，为之四顾，为之踌躇满志，善刀而藏之。”

把刀擦拭干净收藏起来。比喻自敛才能而不外炫。

2019
七月大

己亥年六月小 **初六日**	廿一大暑	**星期一**

cè

[字解]

《说文解字》:“册，符命也。”本义为书简、简册。“册”还可以表示皇帝的诏书,如“册文”；表示册封、封爵，如“册立”；表示计算单位，如“一册书”等。

看名家书写示范

高文大册

出自宋·汪藻《序》一時高文大冊悉出其手·原指朝廷發布的重要文書後引伸為經典著述

孟繁禧書

高文大册

汪藻《〈苏魏公集〉序》:“一时高文大册,悉出其手。”陆九渊《续书何始于汉》:“康衢之谣，击壤之歌，后世高文大册，不能无忝。”朝廷中重要的文书或法令。也指思想高深的大著作。

2019
七月大

9

己亥年六月小 **初七日**	廿一大暑	**星期二**

diǎn

[字解]

《说文解字》:“典，五帝之书也。”本义为重要的文献、典籍。“典”还可以表示常道、准则，如“典型”;表示法律、法规，如“乱世用重典”；表示仪节，如“典礼”；表示典故，如“语出何典”;表示典章、制度，如“典册”;表示主持、主管，如“典御”;表示抵押，如“典当”；表示庄重高雅，如“典藻”等。

看名家书写示范

枕典席文

李尤《床儿铭》:“虚左致贤，设坐来宾。筵床对儿，盛养已陈。肴仁饭义，枕典席文。”指以典籍为伴，勤于读书学习。

2019
七月大

10

己亥年六月小 初八日	廿一大暑	星期三

gēng

[字解]

《说文解字》:“耕，犁也。”本义为犁田。引申为致力于某种工作或事业，如扬雄《法言》曾说“耕道而得道，猎德而得德”。

看名家书写示范

耕雲種月

孟繁禧書

耕云种月

陈继儒《小窗幽记》:“半坞白云耕不尽，一潭明月钓无痕。”表现了雅士生活的闲适与心境的浪漫。

2019
七月大

11

己亥年六月小 **初九日**	廿一大暑	**星期四**

huà

[字解]

《说文解字》:“画，界也。象田四界。聿，所以画之。”本义为划分、描画。“画”还表示绘画、作画，如“画蛇添足”;表示签署、签押，如“画押”;表示谋划、策划，如“助画方略”；表示绘画作品，如“画卷”；表示一个不停顿的挥笔动作，如“横画”等。

看名家书写示范

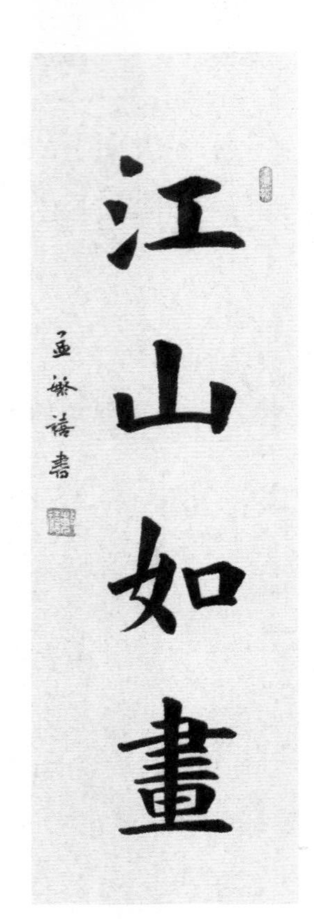

江山如画

苏轼《念奴娇·赤壁怀古》:“江山如画，一时多少豪杰。”山川、河流美如画卷。形容自然风光美丽。

2019
七月大

12

己亥年六月小 **初十日**	廿一大暑	头伏第一天 **星期五**

FRIDAY, JULY 12

bǐ

[字解]

《释名》:“笔述也。述事而书之也。”本义为毛笔,后来泛指所有的笔。“笔”还可以表示笔迹,如“笔形”;表示书写、记载,如“代笔”;表示款项、书画的量,如“一笔款”等。

看名家书写示范

妙笔生花

王仁裕《开元天宝遗事 · 梦笔头生花》:“李太白少时,梦所用之笔头上生花后天才赡逸,名闻天下。”比喻杰出的写作才能。

13

星期六

14

星期日

头伏第二天 十一日	廿一大暑	头伏第三天 十二日

WEEKEND, JULY 13-14

fú

［字解］

《说文解字》:“伏，司也。”段注 :“司者，臣司事于外者也。司，今之伺字。凡有所司者必专守之。伏伺即服事也。引申之为俯伏。又引申之为隐伏。从人犬。犬，司人也。”本义为服事、服侍。在具体使用中，“伏”更多具有俯伏、趴下之意。“伏”还可以表示前倾靠在物体上，如“伏轼”；表示潜藏，如“埋伏”；表示屈服、顺从，如“伏老”；表示低下去，如“此起彼伏”；表示降伏，如“降龙伏虎”；表示夏日的伏天，如“冷在三九，热在三伏”等。

看名家书写示范

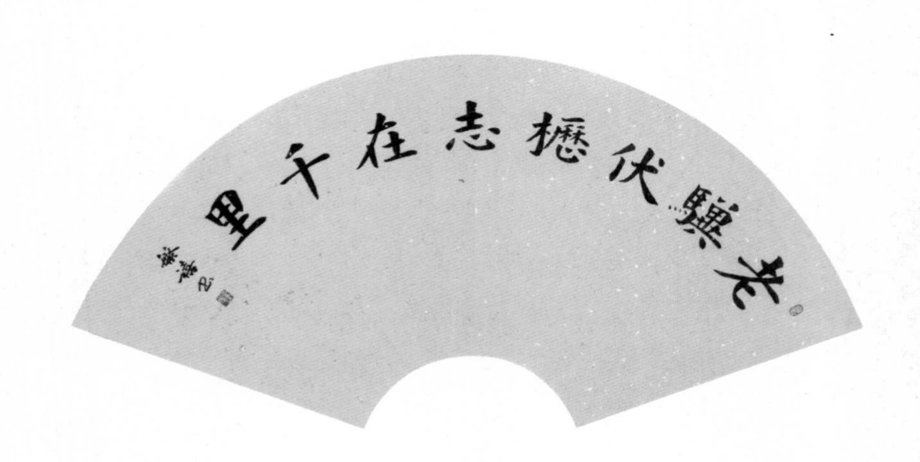

老骥伏枥　志在千里

曹操《步出夏门行》:“老骥伏枥，志在千里。烈士暮年，壮心不已。”千里马虽然老了，伏在马槽边，仍在想着奔跑千里的路程。比喻年虽老而仍怀雄心壮志。

2019

七月大

15

己亥年六月小 **十三日**	廿一大暑	头伏第四天 **星期一**

chuí

[字解]

《说文解字》:“垂，远边也。”本义为边疆。后来，表示边疆之义的“垂”写作“埵”。“垂”还可以表示堂檐下靠阶的地方，如“垂堂”；表示垂挂，如“垂丝”；表示赐予，如“垂佑”；表示留传，如“垂教”；表示留意，如“垂青”；表示低下、放低，如“垂光”；表示接近、快要，如“垂年”等。

看名家书写示范

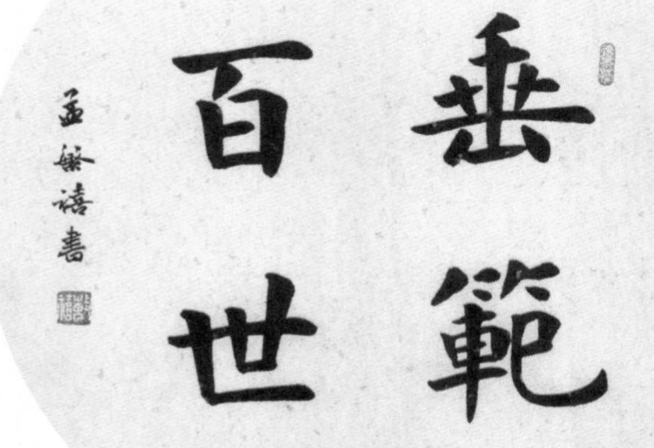

垂范百世

陆游《跋李庄简公家书》:“虽徙海表，气不少衰，丁宁训戒之语，皆足垂范百世，犹想见其道‘青鞋布袜’时也。”指光辉榜样或伟大精神永远流传。

2019

七月大

16

己亥年六月小 **十四日**	廿一大暑	头伏第五天 **星期二**

hé / hè

[字解]

《说文解字》:“荷，芙蕖叶。” 本义为莲藕。在农历六月，荷花盛开，所以，六月被称为“荷月”。“荷”还可以表示荷叶杯的酒器，如“明画烛，洗金荷，主人起舞客齐歌”；表示背负，如“荷锄”；表示承受、承蒙，如“荷天下之重任”；表示感谢或客气，如“感荷”；表示责任，如“肩负重荷”等。

看名家书写示范

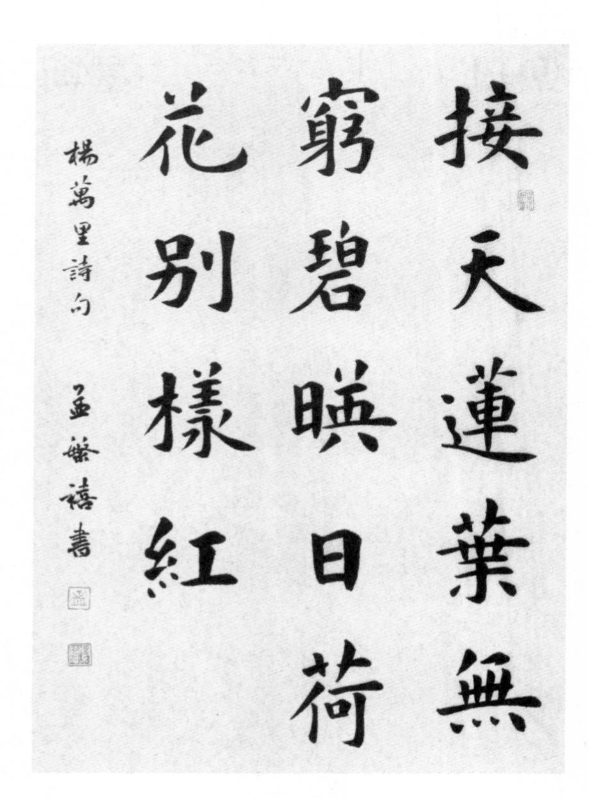

接天莲叶无穷碧　映日荷花别样红

杨万里《晓出净慈寺送林子方》:“毕竟西湖六月中，风光不与四时同。接天莲叶无穷碧，映日荷花别样红。”

2019
七月大

17

己亥年六月小 十五日	廿一大暑	头伏第六天 星期三

WEDNESDAY, JULY 17

lì

[字解]

《说文解字》:“丽，旅行也。鹿之性，见食急则必旅行。”本义为结伴而行。“丽”还可以表示漂亮；表示华靡；表示依附，如“丽土之毛”；表示施加，如“丽兵”；表示射中，如“射麋丽龟”；表示系、拴，如“既入庙门，丽于碑”等。

看名家书写示范

风和日丽

李爱山《集贤宾 · 春日伤别》:“那时节和风丽日满东园，花共柳红娇绿软。”和风习习，阳光灿烂。形容晴朗暖和的天气。

2019

七月大

18

己亥年六月小 **十六日**	廿一大暑	头伏第七天 **星期四**

THURSDAY, JULY 18

lù

[字解]

《说文解字》:“鹿，兽也。象头角四足之形。”本义为动物名。“鹿”还可以表示政权、爵位，如“秦失其鹿，天下共逐之”；表示方形粮仓，如“市无赤米，而囷鹿空虚”等。

看名家书写示范

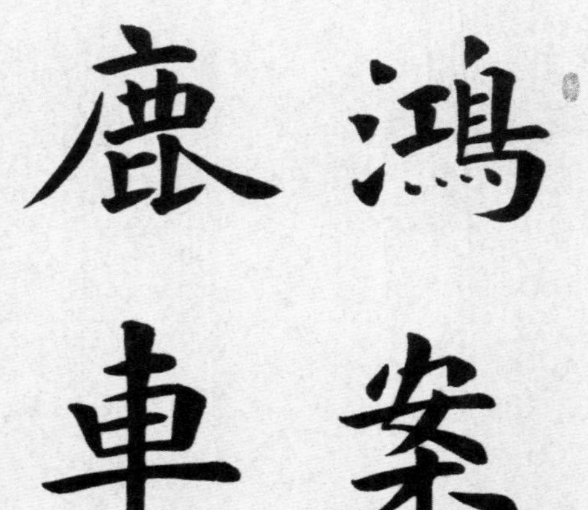

鸿案鹿车

《后汉书 · 梁鸿传》:“(梁鸿)妻为具食，不敢于鸿前仰视，举案齐眉。”《后汉书 · 鲍宣妻传》:“(鲍宣)妻乃悉归侍御服饰，更著短布裳，与宣共挽鹿车归乡里。”后用以赞美夫妻相互敬重，同甘共苦。

2019

七月大

19

己亥年六月小 **十七日**	廿一大暑	头伏第八天 **星期五**

yuè

[字解]

《说文解字》:“月，阙也。大阴之精。”象月亮之形。“月”还可以表示历名，农历依月相变化的一个周期为一月；表示妇女怀胎的月份，又指分娩后的一个月以内的时间，如“月子”；表示女子及与女子有关的事物，如“月貌花容”等。

看名家书写示范

光风霁月

《宋史·周敦颐传》:“人品甚高，胸怀洒落，如光风霁月。”原指雨过天晴后的明净景象。后比喻政治清明，时世太平。亦比喻人的胸怀坦荡，品格高洁。

2019
七月大

20 21

星期六		星期日
头伏第九天 十八日	廿一大暑	头伏第十天 十九日

yáng

［字解］

《说文解字》:“羊，祥也。”本义为动物名。“羊”还可以表示姓氏，如“羊欣”；表示吉利，如“羊枣”等。

看名家书写示范

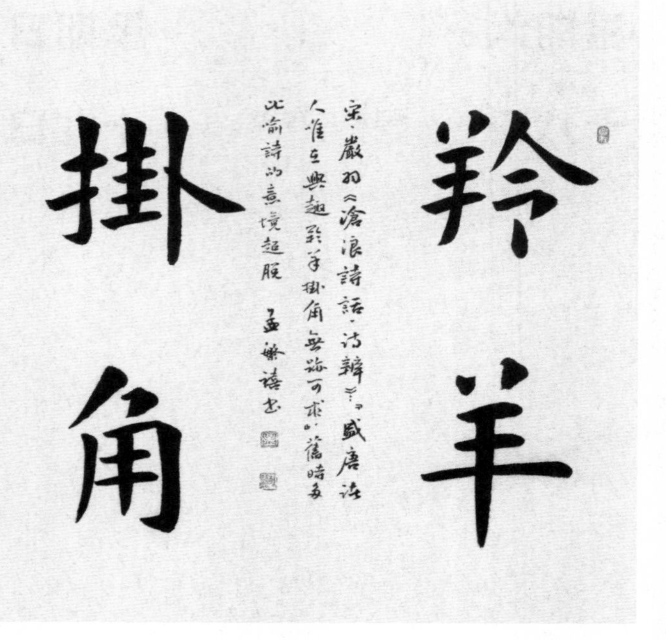

羚羊挂角

严羽《沧浪诗话·诗辩》:“盛唐诸人，惟在兴趣，羚羊挂角，无迹可求。故其妙处，透彻玲珑，不可凑泊。”传说羚羊夜眠时，将角挂在树上，脚不着地，以免留足迹而遭人捕杀。比喻诗文意境超脱、不着痕迹。

2019
七月大

22

己亥年六月小 二十日	明日大暑	中伏第一天 星期一

MONDAY, JULY 22

xiáng

[字解]

《说文解字》:“祥，福也。”本义为凶吉的预兆。“祥”还可以表示古丧祭名,如“小祥”;表示幸福，如“咸受祯祥”等。

看名家书写示范

和气致祥

《汉书 · 楚元王刘交传》:“由此观之，和气致祥，乖气致异。”指平和融洽的气氛可招致吉祥。

2019
七月大

23

己亥年六月小 **廿一日**	今日大暑	大暑10时50分 **星期二**

yǎng

[字解]

《说文解字》:“养,供养也。”本义为饲养、供养、抚育。《管子·四时》:“春嬴育,夏养长。”意思是说,各种动植物在夏天能够迅速成长。“养”还可以表示生育、培养,如“家家养男当门户”;表示保养,如“养其身”;表示储藏,如“养羞”等。

看名家书写示范

韬光养晦

《旧唐书·宣宗记》:“历太和会昌朝,愈事韬晦,群居游处,未尝有言。”指隐匿光彩、才华,收敛锋芒、踪迹。

2019
七月大

24

己亥年六月小 廿二日	初八立秋	中伏第三天 星期三

WEDNESDAY, JULY 24

shàn

[字解]

《说文解字》："善，吉也。"本义为吉祥。"善"还可以表示美好，如"善言"；表示应诺，如"王曰：'善'"；表示慎重，如"善思"；表示高明、工巧，如"吹籁工为善声"；表示擅长，如"善丹青"；表示羡慕，如"善万物之得时，感吾生之行休"；表示喜爱，如"其所善者，吾则行之"；表示赞许，如"使孔子欲表善颜渊"；表示友好，如"亲善"；表示好好地，如"秦王必喜而善见臣"等。

看名家书写示范

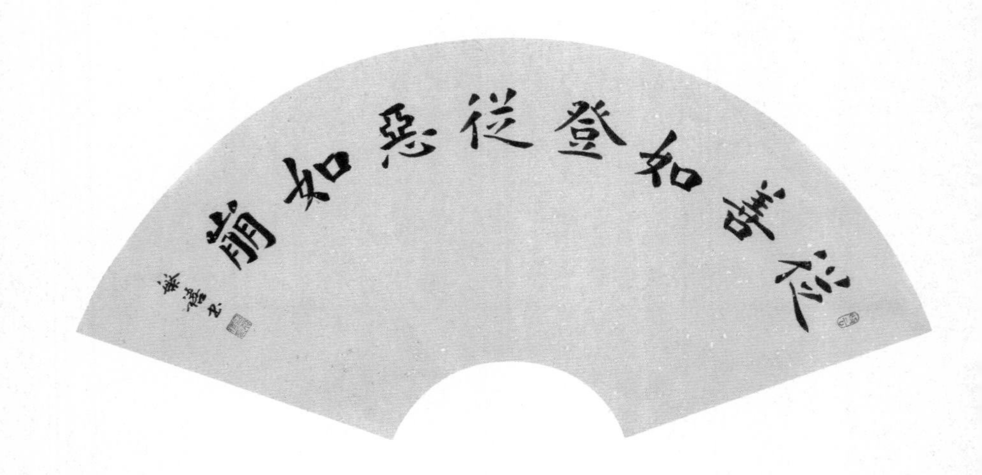

从善如登　从恶如崩

典出《国语·周语下》。比喻学好很难，学坏极容易。

2019
七月大

25

己亥年六月小 廿三日	初八立秋	中伏第四天 星期四

THURSDAY, JULY 25

yì

[字解]

《释名》:“义，宜也。裁制事物，使各宜也。”本义为正义、合宜。“义”还可以表示情谊，如“违情义”;表示意义、意思，如“词义”;表示用于施舍、救济的，如“义田”等。

看名家书写示范

履仁蹈义

应璩《荐和虑则笺》:“切见同郡和模，字虑则，质性纯粹，体度贞正，履仁蹈义，动循轨礼。”指实践仁义之道。

2019
七月大

26

己亥年六月小 **廿四日**	初八立秋	中伏第五天 **星期五**

wèi

[字解]

《说文解字》:“未，味也。六月，滋味也。五行，木老于未。象木重枝叶也。”本义为地支的第八位。在十二地支中，“未”对应着农历的六月。“未”还可以表示没有、不曾、尚未等,如“未百步则返”;用来计时，相当于每天下午一点至三点等。

看名家书写示范

未雨绸缪

《诗经·豳风·鸱鸮》:“迨天之未阴雨，彻彼桑土，绸缪牖户。”

天还没有下雨，先把门窗绑牢。比喻事先做好准备工作。

2019
七月大

27

28

星期六

星期日

中伏第六天 廿五日	初八立秋	中伏第七天 廿六日

bàn

看名家书写示范

［字解］

《说文解字》:“半，物中分也。从八从牛。牛为物大,可以分也。”本义为一半。“半”还可以表示一部分的，如“犹抱琵琶半遮面”；表示极少的，如“一星半点”；另外，度过六月，一年已经过去了一半，故在福建闽南地区，有“半年节”的节日，一般定在每年农历六月的初一或十四、十五。

事半功倍

《孟子·公孙丑上》:“故事半古之人，功必倍之，惟此时为然。”

指做事得法，因而费力小，收效大。

2019

七月大

29

己亥年六月小 **廿七日**	初八立秋	中伏第八天 **星期一**

MONDAY, JULY 29

sù

[字解]

《说文解字》:“素，白致缯也。”本义为没有染色的丝绸。“素”还可以表示绢书籍或信件，如“呼儿烹鲤鱼，中有尺素书”；表示本质、本性，如“素质”“素怀”；表示蔬菜瓜果等副食，如“素食”；表示旧交，如“素旧”。也可表示不加装饰，表示空的、有实无名的，表示平素、往常，表示寒素、低微，表示诚心的、真情的，表示预先。秋天有时又被称为“金素”“商素”“素节”“素律”等。

看名家书写示范

见素抱朴

语出老子《道德经》。现其本真，守其纯朴。谓不为外物所牵。

2019

七月大

30

己亥年六月小 **廿八日**	初八立秋	中伏第九天 **星期二**

xī

[字解]

《说文解字》:“西，鸟在巢上。象形。日在西方而鸟栖,故因以为东西之西。”“西”字在具体使用中更多表示西方之意。“西”还可以表示往西,如“西通巴蜀”;表示“西洋”或“泰西”等欧美名称的简称,如“学贯中西”；在传统的五行观念中，西方还对应着秋季，如“西陆”等。

看名家书写示范

剪烛西窗

李商隐《夜雨寄北》:“何当共剪西窗烛，却话巴山夜雨时。”原指思念远方妻子，盼望相聚夜语。后泛指亲友聚谈。

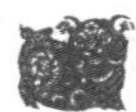

2019
七月大

31

己亥年六月小 **廿九日**	初八立秋	中伏第十天 **星期三**

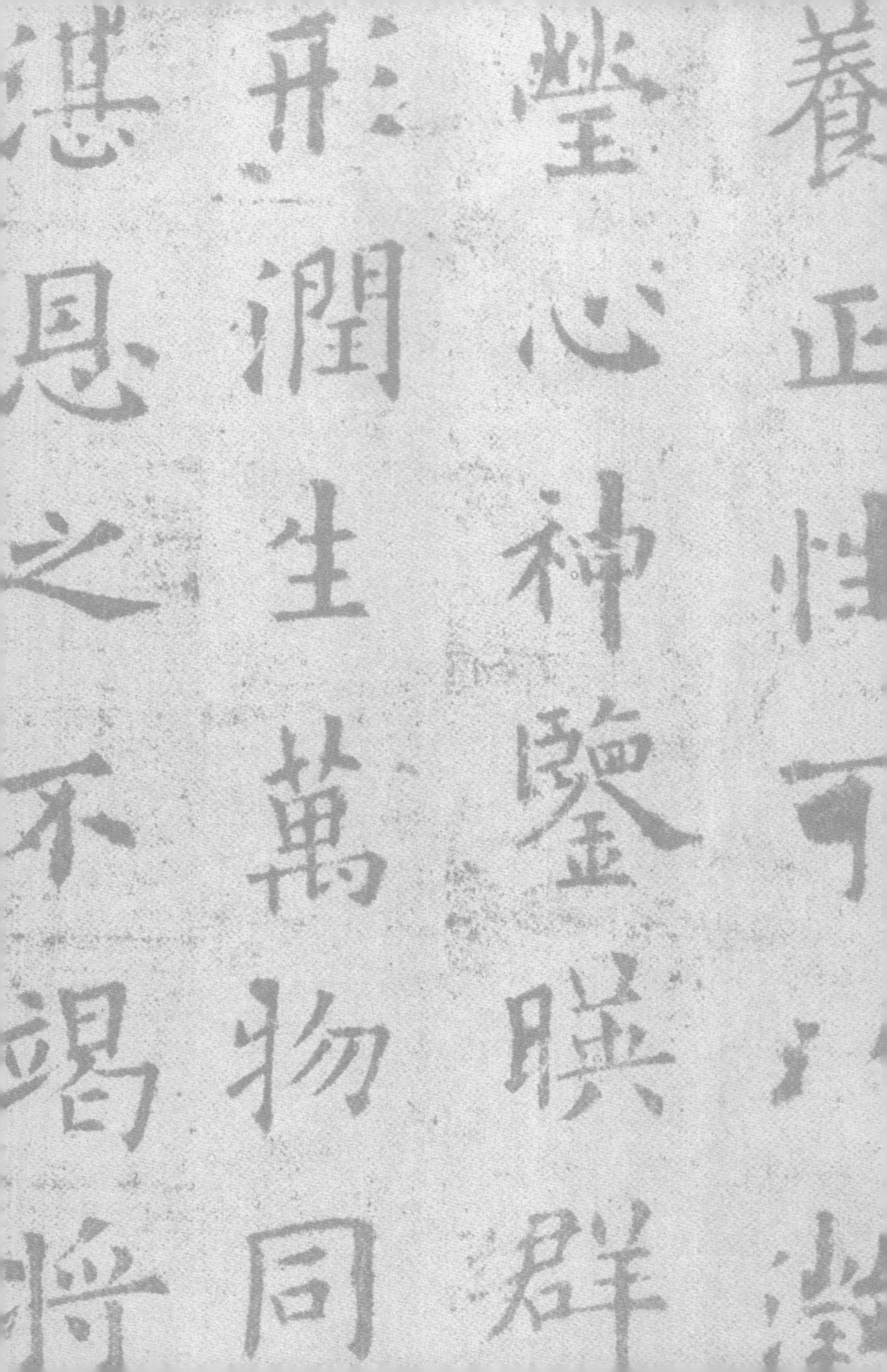
養正性可以
瑩心神鑒照群
形潤生萬物同
湛恩之不竭將

2019
8

bīng

[字解]

《说文解字》:“兵，械也。”本义为兵器。“兵”还可以表示军队，如“赵兵果败”；表示士卒，如“雄兵百万”；表示军事、武力、战争，如“故谋用是作，而兵由此起”；表示用兵的策略，如“上兵伐谋”；表示攻击、刺杀，如“兵诛”;表示伤害，如“反以自兵”等。

看名家书写示范

富国强兵

《史记·孟轲列传》:“秦用商君，富国强兵。”指国家富足，兵力强盛。

2019

八月大

己亥年七月小 **初一日**	初八立秋	建军节 **星期四**

THURSDAY, AUG 1

hé / gě

[字解]

《说文解字》:“合，合口也。”本义为闭合、合拢。“合”还可以表示汇聚，如“离则复合，合则复离”;表示联合，如“合伙”;表示不违背,如“符合”;表示适合,如“合景”；表示覆盖，如“合扑”；表示匹配，如“天作之合”；表示交锋，如“合刃”；表示折算等于，如“一米合三尺”；表示应该，如“合当”;表示容量单位，如“十合为一升”等。

看名家书写示范

志同道合

《三国志 · 魏志 · 陈思王植传》:“昔伊尹之为媵臣，至贱也，吕尚之处屠钓，至陋也，乃其见举于汤武、周文，诚道合志同，玄漠神通，岂复假近习之荐，因左右之介哉。”形容志趣相同，意见一致。

2019
八月大

己亥年七月小 **初二日**	初八立秋	中伏第十二天 **星期五**

FRIDAY, AUG 2

quán

[字解]

《说文解字》:“全，完也。”本义为完备。“全”还可以表示完美，如“全功”；表示纯的、纯粹的，如“知夫不全不粹之不足以为美也”；表示保持，如“全义”；表示都，如“全在我少年”等。

看名家书写示范

歸全反真

归全反真

白居易《故饶州刺史吴府君神道碑铭序》:“无室家累，无子孙忧，屈伸宠辱，委顺而已，未尝一日戚戚其心颜，以至于归全反真，故予所谓达人之徒欤？信矣！”指回归到完善的、本原的境界。

2019
八月大

3
星期六

4
星期日

中伏第十三天 **初三日**	初八立秋	中伏第十四天 **初四日**

gōng

［字解］

《说文解字》:“工，巧饰也。象人有规矩也。”杨树达《积微居小学述林》:“许君谓工象人有规矩，说颇难通，以巧饰训工，殆非朔义。以愚观之，工盖器物之名也。”本义为工匠所持曲尺的形象。“工”还可以表示匠人，如“工匠”；表示技术，如“工伎”；表示生产劳动，如“做工”“工银”；表示劳绩，如“天工”；表示精巧，如“工奇”；表示擅长，如“工于心计”等。

看名家书写示范

穷而后工

欧阳修《梅圣俞诗集序》:“然则非诗之能穷人，殆穷者而后工也。”意为文人处于困境时，所写出来的作品会更美好，所以佳作多产生于困苦之时。

2019
八月大

己亥年七月小 **初五日**	初八立秋	中伏第十五天 **星期一**

MONDAY, AUG 5

qiǎo

[字解]

《说文解字》:“巧，技也。”本义为技艺高明、精巧。“巧”还可以表示美好、美丽；表示虚浮不实,如“巧语虚言”;表示恰好、刚好，如“碰巧”等。农历的七月七日又被称为“七巧节”“乞巧节”。

看名家书写示范

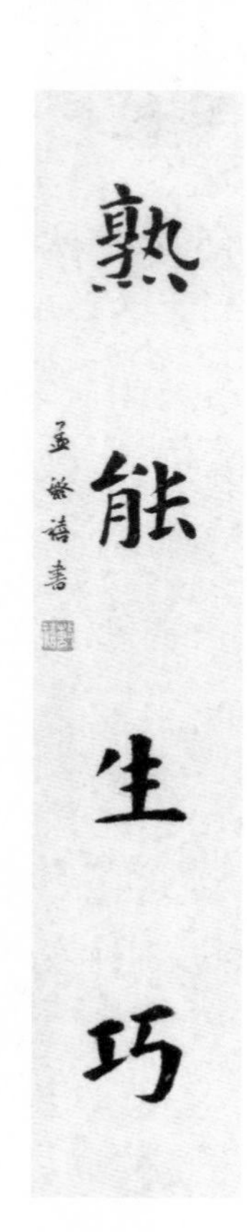

熟能生巧

李汝珍《镜花缘》:“俗语说的‘熟能生巧’，舅兄昨日读了一夜，不但他已嚼出此中意味，并且连寄女也都听会，所以随问随答，毫不费事。”指熟练了自然能领悟出窍门。

2019
八月大

己亥年七月小 **初六日**	初八立秋	中伏第十六天 **星期二**

jīn

看名家书写示范

[字解]

《说文解字》:“金，五色金也。黄为之长。久薶不生衣，百炼不轻，从革不违。西方之行。”本义为金子。“金”还可以表示金属的通称；表示印、虎符，如“金紫”；表示钱财，如“资金”；表示古代军队中用以指挥停止或撤退的锣，如“鸣金收兵”；表示金黄色,如“浮光跃金”;表示贵重,如“金口玉言”;表示坚固的或无懈可击的,如“固若金汤”；表示皇帝的，如“金貂”等。在传统的五行观念中，“金”对应着西方、秋天等。

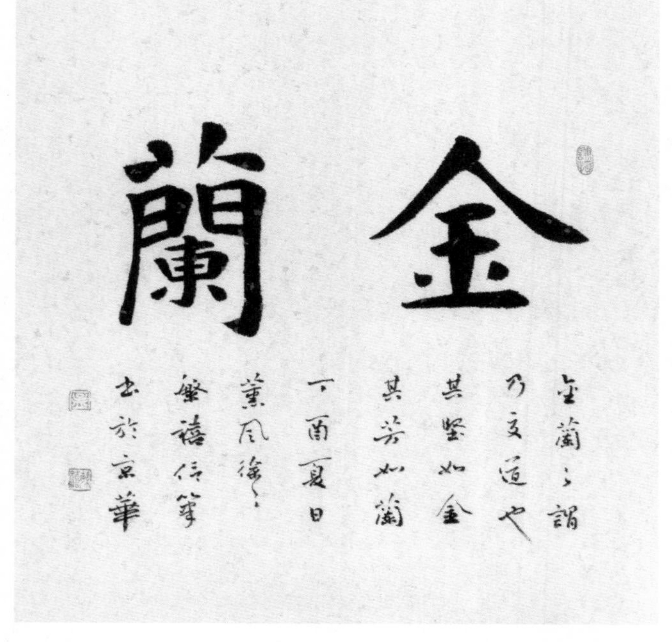

金兰

《易 · 系辞上》:“子曰 :‘君子之道，或出或处，或默或语。二人同心，其利断金；同心之言，其臭如兰。’”形容友情深厚，相交契合。

2019
八月大

己亥年七月小 **初七日**	明日立秋	七夕节 **星期三**

qiū

[字解]

《说文解字》:“秋，禾谷孰也。”本义为庄稼成熟时的秋季，表示从立秋到立冬的三个月时间，或者农历的七月、八月和九月。“秋”还可以表示年，如“千秋万岁”；表示某一时期、某一时刻，如“此诚危急存亡之秋也”；表示悲愁，如“秋士”；表示容颜衰老，如“胡未灭，鬓先秋”；表示西方，如“秋方”；表示白色，如“秋鬓”；表示律令刑狱，如“秋曹”等。

看名家书写示范

望穿秋水

望穿秋水

王实甫《西厢记》:“望穿他盈盈秋水，蹙损他淡淡春山。”形容对远地亲友的殷切盼望。

2019

八月大

己亥年七月小 **初八日**	**今日立秋**	立秋03时12分 **星期四**

shāng

看名家书写示范

[字解]

《说文解字》:“商，从外知内也。”本义为计算、估量。“商”还可以表示商议、商讨，如“商量”；表示贩卖货物，如“经商”；表示揣测、臆度，如“巧商而善意，广见而多记”；表示中国古代五声音阶之一，如“商调”;表示两数相除的结果，如“六除以二的商是几”；表示星宿名，如“人生不相见,动如参与商”;表示姓,如“商君”等。古人把五音与四季相配，商音凄厉，与秋天肃杀之气相应，所以称秋为商秋，比如，何晏《景福殿赋》:“结实商秋，敷华青春。”李善注:“《礼记》曰：孟秋之月，其音商。”

含商咀徵

鲍照《代白紵舞歌辞》:“含商咀徵歌露晞，珠履飒沓纨袖飞。”指沉浸于优美的乐曲之中。

2019
八月大

己亥年七月小 **初九日**	廿三处暑	中伏第十九天 **星期五**

shǒu

[字解]

《说文解字》:“首,头也。”本义为头。“首”还可以表示首领,如“元首”;表示开端,如“首尾相接”;表示要领,如“予誓告汝群言之首”;表示位次,如“史进下首坐了”;表示告发,如“自首”;表示头向着,如“狐死必首丘”;表示标明、显示,如“所以首其内,而见诸外也”;表示最早、首先,如“首创”;表示第一,如梁元帝《纂要》所谓“七月孟秋,亦曰初秋、首秋”等。

看名家书写示范

白首如新　倾盖如故

苏轼《拟孙权答曹操书》:“古人有言曰:‘白首如新,倾盖如故。’言以身托人,必择所安。”形容有人相识到老还是不怎么了解,有人初次见面却一见如故。

2019
八月大

10

11

星期六

星期日

中伏第二十天 初十日	廿三处暑	末伏第一天 十一日

zǎo

[字解]

《说文解字》:“早，晨也。”本义为早晨。“早”还可以表示本来、已经，如“媳妇儿守寡又早三个年头，服孝将除了也”；表示幸亏、幸而，如“早则”;表示在通常、预期、规定或实际的时间以前，如“尚早，坐而假寐”；表示在年轻时，如“早夭”；表示早上见面时的相互招呼，如“您早”等。

看名家书写示范

早占勿药

《易 · 无妄》:“无妄之疾，勿药有喜。”不用服药而病愈。祝人早日病愈之言。

2019
八月大

12

己亥年七月小 十二日	廿三处暑	末伏第二天 星期一

MONDAY, AUG 12

duì

[字解]

《说文解字》:“兑，物得备足，皆喜悦也。”本义为喜悦。“兑”还可以表示更换,如“兑转”；表示掺和，如“这酒是兑了水”；表示在象棋中的拼子,如“兑马”;表示卦名，象征着沼泽;表示西方,如“兑隅”“兑域”等。

看名家书写示范

松柏斯兑

《诗经·大雅·皇矣》:“帝省其山，柞棫斯拔，松柏斯兑。”毛传:“兑，易直也。”形容松柏高大挺拔，郁郁青青。

2019

八月大

13

己亥年七月小 十三日	廿三处暑	末伏第三天 星期二

shuō / shuì / yuè

[字解]

《说文解字》:“说，释也。”本义为开导、说明。“说”还可以表示告知;表示谈论，如“稻花香里说丰年”;表示责备，如“虽户说以眇论，终不能化”；表示以为，如“当初只说要选个美人”;表示学说,如“神仙之说”；表示通过发表议论或记述事物来说明某个道理的文体,如《爱莲说》等。

看名家书写示范

说一不二

张春帆《宦海》:“这个时候的邵孝廉，就是个小小的制台一般，说一是一，说二是二，庄制军没有一回驳过他的。”形容说话算数。

2019

八月大

己亥年七月小 **十四日**	廿三处暑	末伏第四天 **星期三**

guǐ

[字解]

《说文解字》:“鬼，人所归为鬼。”本义为人死之后的“灵魂”。“鬼”还可以表示沉迷于不良嗜好或患病已深的人,如“酒鬼”;表示不可告人的打算，如“捣鬼”；表示对小孩的爱称，如“机灵鬼”;表示蠢人、莽汉，如“老鬼”;表示隐秘不测，如“鬼鬼祟祟”；表示慧黠、机警，如“这孩子真鬼”等。农历的七月十五日又被称为鬼节，民间普遍进行祭祀鬼魂的活动，系中国民间最大的祭祀节日之一。

看名家书写示范

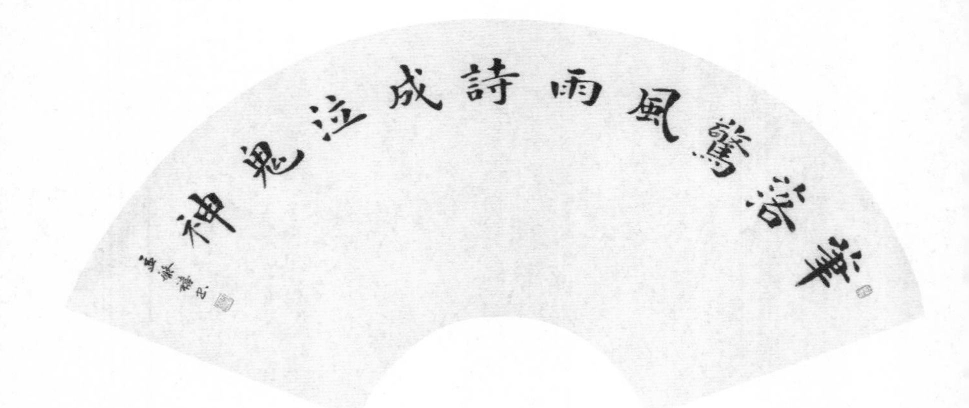

笔落惊风雨　诗成泣鬼神

语出杜甫《寄李太白二十韵》。多用来形容那些伟大作家的高妙诗篇。

2019

八月大

15

己亥年七月小 **十五日**	廿三处暑	中元节 **星期四**

zì

看名家书写示范

[字解]

《说文解字》:“自，鼻也。象鼻形。”本义为鼻子。在具体使用中，“自”更多具有自己的意思。“自”还可以表示起源，表示由、从；表示在、于；表示本是、本来；表示仍旧、依然。还可表示亲自，如“王自往临视”；表示假如，如“自非亭午夜分，不见曦月”；表示却、可是，如“不思量，自难忘”；表示由于，如“自我致冠，敬慎不败也”等。

桃李不言　下自成蹊

《史记·李将军列传》:“谚曰 :‘桃李不言，下自成蹊。’此言虽小，可以谕大也。”比喻为人品德高尚，自然受到人们的尊重和景仰。

2019
八月大

16

己亥年七月小 **十六日**	廿三处暑	末伏第六天 **星期五**

xī

[字解]

《说文解字》:“息，喘也。”本义为喘气、呼吸。“息”还可以表示叹气,如“叹息”;表示停止，如“停息”;表示休息，如“息景”；表示生长，如“滋息”；表示消除，如“息子贡之志”;表示利钱，如“利息”;表示消息，如“至今已八九日，并无息耗，不免忧疑”;表示亲生子女，如“息子”等。

看名家书写示范

自强不息

《易 · 乾卦》:“天行健，君子以自强不息。”指不断努力，永不懈怠。

17　　18

星期六　　**星期日**

末伏第七天 **十七日**	廿三处暑	末伏第八天 **十八日**

yù

[字解]

《说文解字》:“玉，石之美者。”本义为玉石。“玉”还可以表示玉制的乐器,如“集大成也者，金声而玉振之也”；表示色泽晶莹如玉之物，如“玉箸”；表示美德、贤才，如“玉堂”;表示美好，如“玉女”;表示洁白,如“玉魄”;表示珍贵,如“玉苗”;表示星名,即玉井,比如《后汉书·郎顗传》:“从西方天苑趋，左足入玉井。”玉井在西方，为参星下的四小星。

看名家书写示范

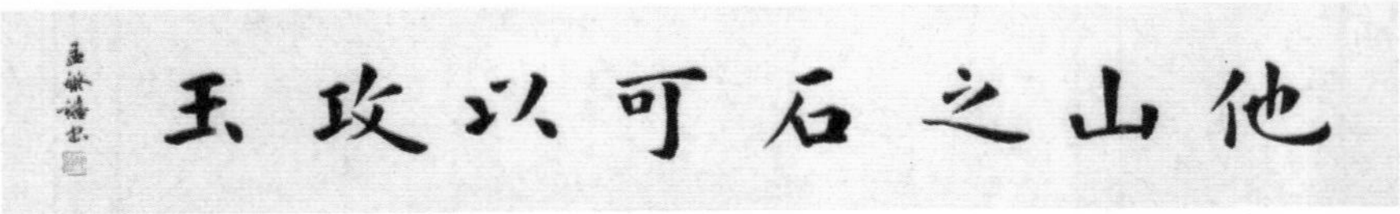

他山之石　可以攻玉

《诗经 · 小雅 · 鹤鸣》:“他山之石，可以攻玉。”别的山上的石头，能够用来琢磨玉器。原比喻别国的贤才可为本国效力，后比喻能帮助自己改正缺点的人或意见。

2019
八月大

19

己亥年七月小 **十九日**	廿三处暑	末伏第九天 **星期一**

wén

[字解]

《说文解字》:“文，错画也。象交文。”本义为花纹、纹理。“文”还可以表示文字，如“分文析字”;表示文章，如“好古文”;表示才华，如“文才”;表示文献，如“儒以文乱法”；表示词句，如“文辞”；表示自然界的某些现象，如“天文”；表示文治，如“文武并用”；表示法令条文，如“文移”；表示文教，如“修文德”；表示谥号名称，如“勤学好问叫文”；表示在肌肤上刺画花纹或图案，如“被发文身”;表示计量单位，如“一文钱”等。

看名家书写示范

温文尔雅

蒲松龄《聊斋志异 · 陈锡九》:“此名士之子，温文尔雅，乌能作贼? ”形容人态度温和，举止斯文。

2019

八月大

20

己亥年七月小 二十日	廿三处暑	末伏第十天 星期二

biàn

[字解]

《说文解字》:“辨，判也。”本义为判别、区分、辨别。“辨”还可以表示古代土地面积单位，九夫为一辨，七辨为一并等。

看名家书写示范

明辨

《礼记 · 中庸》:“博学之，审问之，慎思之，明辨之，笃行之。”指清楚地分辨。

2019
八月大

21

己亥年七月小 **廿一日**	廿三处暑	**星期三**

xīn

[字解]

《说文解字》:“辛，秋时万物成而孰;金刚，味辛，辛痛即泣出。”本义为大罪。“辛”还可以表示葱蒜等带刺激性的蔬菜,如“五辛菜”;表示天干第八位，用以纪年、月、日,如“庚辛”;表示辣味,如“苦而微辛”;表示劳苦、艰苦，如“艰辛”;表示痛苦、悲伤，如“身受酸辛”;表示酸痛，如“胆移热于脑，则辛頞鼻渊”等。

看名家书写示范

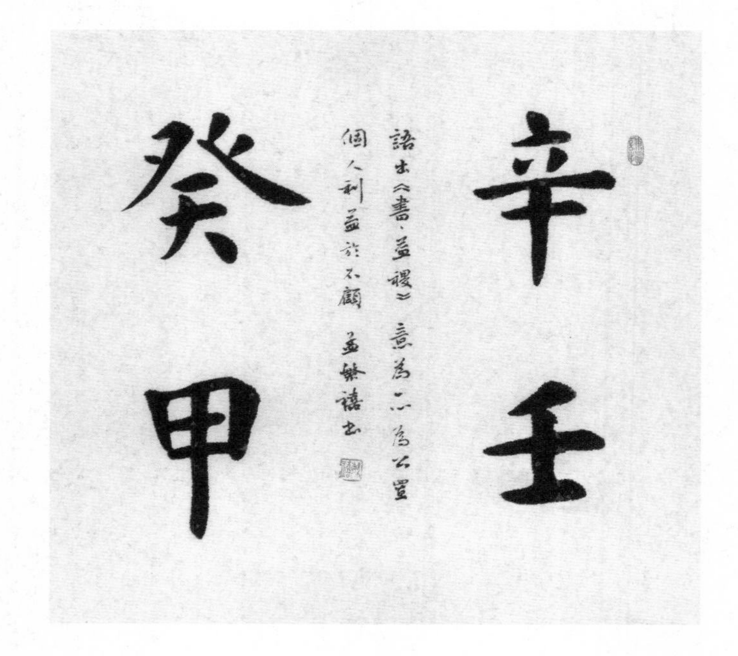

辛壬癸甲

《尚书 · 益稷》:“娶于涂山，辛壬癸甲。”孔传 :“(夏禹) 辛日娶妻，至于甲日，复往治水，不以私害公。”用以指一心为公，置个人利益于不顾的精神。

2019
八月大

22

己亥年七月小 廿二日	明日处暑	星期四

yì

[字解]

《说文解字》:“翼，翅也。”本义为翅膀。“翼”还可以表示一个队形的左侧或右侧，如“韩、魏翼而击之”；表示禽鸟的翅膀，如“双翼”；表示辅助，如“翼助”；表示遮护,如“鸟覆翼之”;表示借助,如“翼冯”;表示迅疾，如“翼尔”；表示恭敬、谨肃，如“小心翼翼”等。“翼”还是星宿的名称，属二十八星宿之一。《礼记·月令》:“孟秋之月，日在翼。”翼星便与初秋产生了必然的关系。

看名家书写示范

龙翰凤翼

《三国志·魏志·邴原传》:“所谓龙翰凤翼，国之重宝。”龙翰和凤翼都是十分珍贵稀有的事物，用以比喻杰出的人才。

2019

八月大

23

己亥年七月小 **廿三日**	今日处暑	处暑18时01分 **星期五**

yǔ

[字解]

《说文解字》:“羽,鸟长毛也。”象羽毛之形。“羽”还可以表示鸟类，如“羽翔”；表示扇，如“羽翣”;表示书信，如“羽檄”“羽书”；表示朋友，如“羽党”；表示用于鸽子的量词，如“一羽信鸽”等。

看名家书写示范

螽斯振羽

《诗经 · 周南 · 螽斯》:“螽斯羽，诜诜兮，宜尔子孙，振振兮。”谓子孙众多。

24		25
星期六		星期日
己亥年七月小 廿四日	初十白露	己亥年七月小 廿五日

yí

[字解]

《博雅》:“夷，平也。从大从弓。东方之人也。”本义为东方之人。“夷”还可以表示外国人，如“南抚夷越”；表示同辈，如“夷等”。也可表示平坦，表示太平，表示平和，表示平正，表示安闲。还可表示受伤，表示攻破、消灭等。古人以十二律与十二月相配，夷则配农历七月。此时万物开始被阴气侵犯。

看名家书写示范

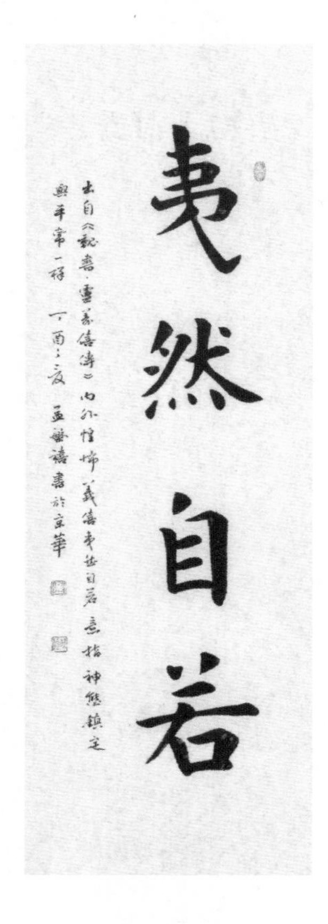

夷然自若

《魏书 · 卢义僖传》:“内外惶怖，义僖夷然自若。”指神态镇定。

2019
八月大

26

己亥年七月小 **廿六日**	初十白露	**星期一**

gōng

[字解]

《说文解字》:“弓，以近穷远。”本义为射箭或打弹的器械。“弓”还可以表示形状或作用像弓的器具，如“弹弓”；表示丈量土地的计量单位，一弓为五尺；表示弯曲，引申为弯身行礼，如“弓身”等。

看名家书写示范

克传弓冶

《礼记 · 学记》:“良冶之子，必学为裘；良弓之子，必学为箕。”指父子相传的事业。

2019

八月大

27

己亥年七月小 廿七日	初十白露	星期二

shēn

[字解]

《说文解字》:“申，神也。七月，阴气成，体自申束。从臼，自持也。”本义为约束。“申”还可以表示舒展，如“申张”；表示表达，如“申意”;表示告诫，如“申诫”;表示重复地说，如“重申”;表示到、至，如“申旦达夕”;表示施、用，如“申拔”等。作为地支的第九位,“申”可以计时，对应着一天中下午的三点至五点，或者对应着农历的七月。

看名家书写示范

引申触类

龚自珍《上大学士书》:“故事何足拘泥？但天下事有牵一发而全身为之动者，不得不引申触类及之也。”指从某一事物的原则，延展推广到同类的事物。

2019

八月大

28

己亥年七月小 **廿八日**	初十白露	**星期三**

shén

[字解]

《说文解字》:“神，天神，引出万物者也。”本义为神灵。“神”还可以表示精神,如“心旷神怡”;表示知识渊博或技能超群的人，如“鬼斧神工”；表示神韵，如“神趣”；表示表情，如“顾盼神飞”；表示奇异，如“神武雄才”;表示灵验,如“合契若神”等。

看名家书写示范

龙马精神

李郢《上裴晋公》:“四朝忧国鬓如丝，龙马精神海鹤姿。”比喻人精神旺盛。

2019
八月大

29

己亥年七月小 **廿九日**	初十白露	**星期四**

fǒu / pǐ

[字解]

《说文解字》:“否，不也。”表示不然，不是这样。“否”还可以表示疑问语气,如“尚能饭否”等。人们通常以三阳居于下的泰卦卦象来标示正月，以坤下乾上的否卦卦象来标示七月。

看名家书写示范

否终复泰

《晋书·庾亮传》:“实冀否终而泰,属运在今。”指厄运终结,好运转来。

2019
八月大

30

己亥年八月大 初一日	初十白露	星期五

bù

[字解]

《说文解字》:“不，鸟飞上翔不下来也。”表示否定。“不”还可以用来加强语气，如“好不吓人”；表示“丕”，如“不显不承”等。

看名家书写示范

锲而不舍

《荀子 · 劝学》:“锲而舍之，朽木不折；锲而不舍，金石可镂。”比喻有恒心，有毅力。

2019

八月大

31

己亥年八月大 **初二日**	初十白露	**星期六**

刑殺當罪賞錫當功得禮之宜則醴泉出於闕庭鶡冠子曰聖

2019
9

xiāng / xiàng

[字解]

《说文解字》:“相，省视也。”本义为察看，仔细看。“相”还可以表示辅佐，如“相夫教子”；表示教导，如“问谁相礼”；表治理，如“相我受民”;表示选择，如“良禽相木而栖”；表示外貌，如“相貌”；表示主持礼节仪式的人，如“愿为小相焉”；表示通过看面容对命运的预卜,如“相面”；表示交互，如“教学相长”；表示先后，如“络绎相属”;表示相差,如“相远”等。《尔雅·释天》:“七月为相,八月为壮。”“相”为农历七月的别名。

看名家书写示范

同声相应　同气相求

典出《易·乾卦》。同类的事物相互感应。指志趣、意见相同的人互相响应,自然地结合在一起。

2019
九月小

己亥年八月大 **初三日**	初十白露	**星期日**

WEEKEND, SEPT 1

qī

[字解]

《说文解字》:“七，阳之正也。”本义为数字七。除了作为基数，亦用作序数表示第七，比如七月是一年中的第七个月等。“七”还可以表示文体名,亦称七体,如“七发”;表示人死之后每七天的一祭，如“头七”“二七”等。

看名家书写示范

七步成诗

刘义庆《世说新语 · 文学》:“文帝尝令东阿王七步中作诗，不成者行大法。应声便为诗曰 :‘煮豆持作羹，漉菽以为汁。萁在釜下燃，豆在釜中泣。本自同根生，相煎何太急！’帝深有惭色。”曹植在七步内就能完成一首诗。比喻有才气、文思敏捷。

2019

九月小

己亥年八月大 **初四日**	初十白露	**星期一**

bā

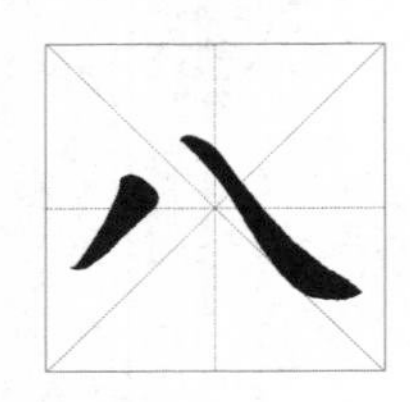

[字解]

《说文解字》:“八,别也。象分别相背之形。”本义为数字八。除了作为基数，亦用作序数表示第八。

看名家书写示范

八仙過海
各顯神通

八仙过海　各显神通

吴承恩《西游记》:“正是八仙过海，独自显神通。”八仙是传说中的仙人，即汉钟离、张果老、吕洞宾、铁拐李、曹国舅、韩湘子、蓝采和、何仙姑。比喻做事各有各的办法。

2019
九月小

己亥年八月大 **初五日**	初十白露	抗战胜利 **星期二**

fēn / fèn

[字解]

《说文解字》:"分，别也。从八从刀，刀以分别物也。"本义为分别。"分"还可以表示分配，表示离开，表示排解、调和矛盾，表示分担。还可表示分数，如"三分之一";表示时间单位，如"三点零五分";表示长度单位，相当于寸的十分之一；表示货币单位，如"一元五角三分"等。

看名家书写示范

冰解壤分

章炳麟《正名杂义》:"高邮王氏，以其绝学释姬汉古书，冰解壤分，无所凝滞，信哉千五百年未有其人也。"比喻障碍消除。

2019
九月小

己亥年八月大 **初六日**	初十白露	**星期三**

WEDNESDAY, SEPT 4

lì

[字解]

《说文解字》:“利,铦也。”本义为刀剑锋利。“利”还可以表示敏捷，如“利马”；表示顺利,如“时不利兮骓不逝”;表示重要的,如“怀抱利器”;表示利益,如“上下之利,若是其异也”;表示利禄，如“不慕荣利”;表示胜利，如“必以全争于天下，故兵不顿而利可全”；表示物资出产，如“西有巴蜀汉中之利”；表示善于，如“利口”；表示谋利，如“损人利己”等。

看名家书写示范

因势利导

《史记 · 孙子吴起传》:“善战者因其势而利导之。”指顺着事物发展的趋势加以引导，使达成目标。

2019
九月小

己亥年八月大 **初七日**	初十白露	**星期四**

hé

[字解]

《说文解字》:“禾，嘉谷也。二月始生，八月而孰,得时之中,故谓之禾。禾,木也。木王而生，金王而死。”本义为粟，即今之小米。但在具体使用中，“禾”更多表示谷类作物的总称。“禾”还可以表示禾秆,如“禾茇”;表示初生没有吐穗的水稻，如“禾田”等。

看名家书写示范

风禾尽起

《尚书 · 金縢》:“王出郊，天乃雨，反风，禾则尽起。”比喻顺应天心，得到天助。

2019
九月小

己亥年八月大 **初八日**	初十白露	**星期五**

lòu / lù

[字解]

《说文解字》:“露，润泽也。”本义为露水。“露”还可以表示显出、冒出，如“真人不露相”；表示糖浆，如“杏仁露”；表示滋润、恩泽，如“露雨”；表示道路，如“朝群臣于露门”；表示庇护，如“智子之道善矣，是先生覆露子也”等。

看名家书写示范

金风玉露

秦观《鹊桥仙 · 纤云弄巧》:“金风玉露一相逢，便胜却人间无数。”形容秋天的景物。

2019
九月小

7 | 8

星期六 | 星期日

己亥年八月大 初九日	今日白露	白露06时16分 初十日

yǒu

[字解]

《说文解字》:“酉,就也。八月黍成,可为酎酒。象古文酉之形。”本义为酒。“酉”还可以表示成熟,如“酉黍”;表示蓄水的池塘,如“酉枯”;用于计时,表示一天中的十七时至十九时,或者一年中的八月等。

看名家书写示范

书通二酉

冯梦龙《喻世明言 · 闲云庵阮三偿冤债》:“取名陈宗阮,请个先生教他读书。到一十六岁,果然学富五车,书通二酉。”二酉,指大酉山、小酉山。后指人学识丰富精湛。

2019
九月小

己亥年八月大 **十一日**	廿五秋分	**星期一**

yù

[字解]

《说文解字》:“育，养子使作善也。”本义为生育、养育。引申为按照一定的目的长期地教导和训练，如“德育”等。

看名家书写示范

中和位育

《中庸》:“致中和，天地位焉，万物育焉。”儒家的核心主张。“中和”是灵魂，“位育”则是终极目标。北京祭祀孔子的大成殿中存有清代溥仪皇帝题写此词的匾额。

2019
九月小

10

己亥年八月大 十二日	廿五秋分	教师节 星期二

yī

[字解]

《说文解字》:“医,治病工也。”本义为医生。“医”还可以表示医术、医学,如“医部”;表示治疗、治愈,如“聚毒药以共医事”等。

看名家书写示范

三折肱　为良医

《左传 · 定公十三年》:“三折肱,知为良医。”几次断臂,就能知道医治断臂的方法。后比喻对某事阅历多,富有经验,成为内行。也指高明的医道。

2019

九月小

己亥年八月大 十三日	廿五秋分	星期三

guì

[字解]

《说文解字》:“桂,江南木,百药之长。”本义为桂树。“桂”还可以表示广西的简称,如“桂海”;表示肉桂、月桂等植物等。在农历八月,月桂花盛开,故农历八月也被称为“桂月”。

看名家书写示范

蟾宫折桂

施惠《幽闺记》:“胸中书富五车,笔下句高千古,镇朝经暮史,寐晚兴夙,拟蟾宫折桂云梯步。”相传月中有桂树,用以比喻科举登第。

2019
九月小

12

己亥年八月大 **十四日**	廿五秋分	**星期四**

xī

[字解]

《说文解字》:“夕，莫也。从月半见。”本义为黄昏、傍晚。“夕”还可以表示夜,如“朝而不夕”；表示一年的最后一季或一个月的下旬,如“下旬为月之夕”等。吴自牧《梦粱录·中秋》:“八月十五日中秋节，此日三秋恰半，故谓之‘中秋’。此夜月色倍明于常时，又谓之‘月夕’。”

看名家书写示范

月夕花朝

周密《武林旧事·岁晚节物》:“宫壶未晓，早骄马，绣车盈路，还又把，月夕花朝，自今细数。”月明的夜晚，花开的早晨。比喻良辰美景。

2019

九月小

13

己亥年八月大 **十五日**	廿五秋分	中秋节 **星期五**

qìng

[字解]

《说文解字》:“庆，行贺人也。”本义为祝贺、庆贺。“庆”还可以表示赏赐，如“庆赏”；表示喜、福庆，如“国庆”等。

看名家书写示范

积善余庆

《易·坤卦》:“积善之家，必有余庆；积不善之家，必有余殃。”指多行善事，福佑后代。

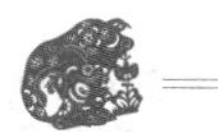

2019
九月小

14　　15

星期六　　星期日

己亥年八月大 十六日	廿五秋分	己亥年八月大 十七日

1951年9月14日—2019年9月14日　人民美术出版社成立68周年

tù

[字解]

《说文解字》:“兔,兽名。象踞,后其尾形。”本义为兔子。“兔”还可以表示古代车制,如“伏兔”;表示罾词,如“兔强盗”;表示传说中的月中玉兔,如“兔乌”;表示月亮,如“兔华”等。

看名家书写示范

得兔忘蹄

《庄子 · 外物》:“蹄者所以在兔,得兔而忘蹄。”意思是言语工具等虽不可少,但毕竟只是手段,而领会精神实质、实现既定目标更重要。

2019

九月小

16

己亥年八月大 十八日	廿五秋分	星期一

duō

[字解]

《说文解字》:“多，重也。从重夕。夕者，相绎也，故为多。”本义为数量大。“多”还可以表示超过正确的或需要的数目，如“过多”；表示与“轻”相对的“重”，如“士亦以此多之”;表示赞许、推崇，如“此诚雕虫之戏，不足为多也”；表示仅仅，如“多见其不知量也”;表示大多，如“古法采草药多用二月、八月，此殊未当”等。

看名家书写示范

多聞

孟繁禧書

直谅多闻

《论语·季氏》:“益者三友，损者三友。友直，友谅，友多闻，益矣。友便辟，友善柔，友便佞，损也。”朱熹 :“友直则闻其过，友谅则进于诚，友多闻则进于明。”孔子认为，正直、诚实、博闻多识是交友的三个原则。

2019
九月小

17

己亥年八月大 十九日	廿五秋分	星期二

guān / guàn

看名家书写示范

[字解]

《说文解字》:“观，谛视也。”本义为仔细看。“观”还可以表示示范、显示；表示游览；表示玩赏、观赏；表示阅读；表示容饰、外观；表示景象、情景。也可表示对事物的认识、看法，如“世界观”；表示庙宇，如“白云观”等。人们通常以三阳居于下的泰卦卦象来标示正月，以坤下巽上的观卦卦象来标示八月。观卦卦象与临卦相反，彼此是“综卦”。“临”是由上往下看，“观”则可由下往上看。

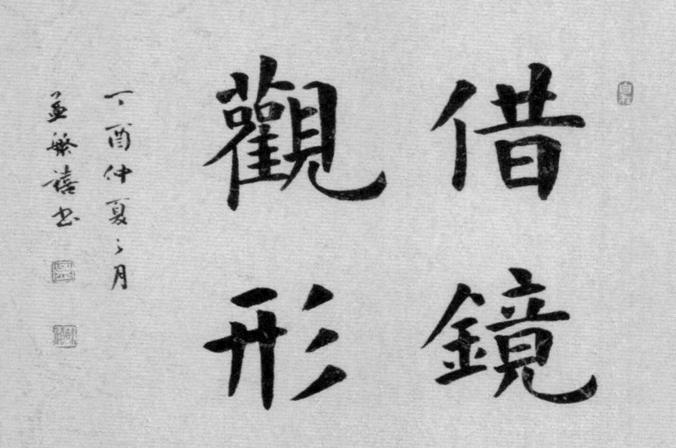

借镜观形

刘昼《刘子新论·贵言》:“人目短于自见，故借镜以观形。”比喻参考和吸取别人的经验教训。

2019

九月小

18

己亥年八月大 二十日	廿五秋分	星期三

zhōng / zhòng

[字解]

《说文解字》:“中，内也。从口。丨，上下通。”本义为中心、内里。“中”还可以表示半、中途，如“夜中”；表示一个时期或一个地区内，如“晋太元中”；表示内脏,如“五中所主,何藏最贵”;表示中等，如“中才”；表示成、行、好，如“中不中”；表示容易，如“我的钱不中骗”；表示不偏不倚、正;表示内心和中国的简称。

看名家书写示范

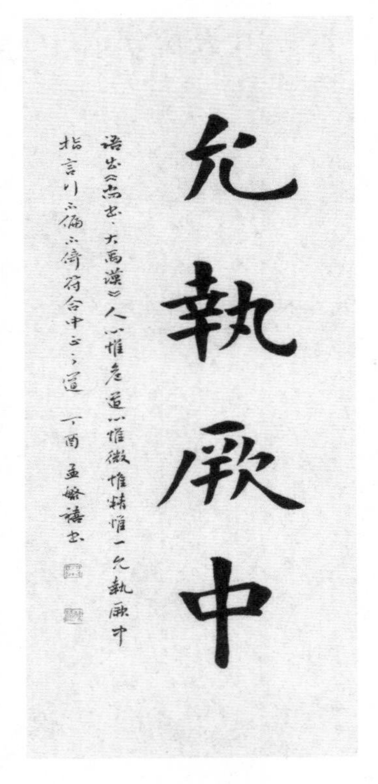

允执厥中

《尚书 · 大禹谟》:“人心惟危，道心惟微，惟精惟一，允执厥中。”

指言行符合不偏不倚的中正之道。

2019

九月小

19

己亥年八月大 廿一日	廿五秋分	星期四

THURSDAY, SEPT 19

yuán

[字解]

《说文解字》:“圆，圜全也。”本义为圆形。“圆”还可以表示灵活，如“圆通”；表示丰满、周全，如“圆匀”；表示圆润，如“深圆似轻簧”;表示圆周，如“右手画圆，左手画方”；表示天，如“载圆履方”；表示货币，如“银圆”;表示使圆满、成全，如“自圆其说”；表示完整，如“月有阴晴圆缺”;表示团圆，如“破镜重圆”等。

看名家书写示范

规矩方圆

《孟子》曰：“离娄之明、公输子之巧，不以规矩，不能成方圆；师旷之聪，不以六律，不能正五音；尧舜之道，不以仁政，不能平治天下。今有仁心仁闻而民不被其泽，不可法于后世者，不行先王之道也。”规、矩是校正圆形、方形的两种工具，多用来比喻标准法度。

2019

九月小

20

己亥年八月大 廿二日	廿五秋分	星期五

tuán

[字解]

《说文解字》:“团,圆也。”本义为圆。“团”还可以表示把东西揉弄成圆球形，如“团纸团儿”；表示围绕，如“团团转”；表示聚集，如“众宾团坐”;表示估量，如“团量”;表示聚合在一起，如“团体”;表示调理、解决，如“团弄”;表示工作或活动的集体，如“工作团”；表示由若干个营组成的军队一级组织，如“第一团”等。

看名家书写示范

精诚团结

毛泽东《为动员一切力量争取抗战胜利而斗争》:“领导抗日战争，精诚团结，共赴国难。”指真心诚意地团结在一起。

21		22
星期六		星期日
己亥年八月大 廿三日	明日秋分	己亥年八月大 廿四日

jiǎo / jué

[字解]

《说文解字》:“角，兽角也。”象兽角之形。“角”还可以表示凸起的额骨，如“恶角犀丰盈”;表示古代未成年人所束的发髻，如“总角”；表示几何学上两条直线相交于一点所形成的形状或所夹的空间,如“锐角”；表示角落，如“四角垂香囊”；表示形状像角的东西，如“豆角”;表示号角，如“四面边声连角起”；表示货币单位，如“十角等于人民币一元”；表示四分之一，如“一角饼”；表示古代量器名，如“先打四角酒来”等。《礼记・月令》:“仲秋之月，日在角。”“角”还是星宿名。

看名家书写示范

羚羊挂角　无迹可求

严羽《沧浪诗话·诗辨》:“盛唐诸人唯在兴趣，羚羊挂角，无迹可求。”羚羊夜宿，挂角于树，脚不着地，以避祸患。多比喻诗的意境超脱。

2019
九月小

23

己亥年八月大 **廿五日**	今日秋分	秋分15时50分 **星期一**

chù

[字解]

《说文解字》:“触,抵也。”本义为以角撞物。“触”还可以表示接触，如“触物”；表示遇到、遭受，如“触草木，尽死”；表示干犯、冒犯，如“去礼义，触刑法”等。

看名家书写示范

触类旁通

《易 · 系辞上》:“引而伸之，触类而长之，天下之能事毕矣。”指掌握了某一事物的知识或规律，进而推知同类事物的知识或规律。

2019

九月小

24

己亥年八月大 **廿六日**	初十寒露	**星期二**

shǔ / zhǔ

[字解]

《说文解字》:“属，连也。”本义为连接。“属”还可以表示种类，如“有良田美池桑竹之属”;表示官属、部属，如“下属”;表示归属、隶属，如“属邦”;表示系、是，如“属实”；表示撰写，如“属文”；表示集合，如“属民”；表示跟随，如“项王渡淮，骑能属者百余人耳”等。

看名家书写示范

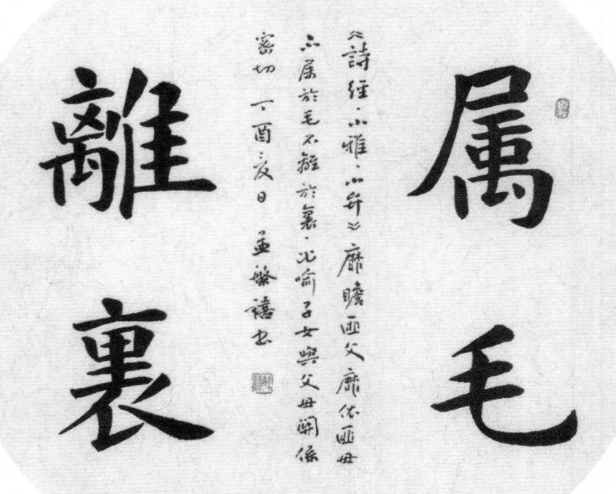

属毛离里

《诗经·小雅·小弁》:“靡瞻匪父，靡依匪母。不属于毛？不离于里？”《诗经毛传》:“毛在外，阳，以言父；里在内，阴，以言母。”比喻子女与父母关系的密切。

2019
九月小

25

己亥年八月大 廿七日	初十寒露	星期三

máo

[字解]

《说文解字》:“毛，眉发之属及兽毛也。”本义为眉毛、头发、兽毛，象其形。“毛”还可以表示兽类，如“毛群”；表示鸟的羽毛，如“毛扇”;表示多而细碎，如“毛起”；表示小、微不足道，如“毛神”；表示半加工的、粗糙的，如“毛坯”；表示贬值，如“货币毛了”;表示发慌，如“吓毛了”等。

看名家书写示范

晰毛辨髮

晰毛辨发

李渔《闲情偶寄》:“圣叹之评《西厢》，可谓晰毛辨发，穷幽极微，无复有遗议于其间矣。”连毛发也能清楚地分辨。形容析理入微。

2019
九月小

26

己亥年八月大 廿八日	初十寒露	星期四

yī

[字解]

《说文解字》:“衣，依也。”本义为上衣。“衣”还可以表示器物的外罩,如“弓衣”;表示薄软柔韧的片、张或层,如“花生衣”等。

未明求衣

《汉书·邹阳传》:“始孝文皇帝据关入立，寒心销志，不明求衣。”《梁书·顾协传》:“伏惟陛下未明求衣，思贤如渴，爰发明诏，各举所知。”天没有亮就穿衣起床。形容勤于政事。

2019

九月小

27

己亥年八月大 **廿九日**	初十寒露	**星期五**

pí

[字解]

《说文解字》:“皮，剥取兽革者谓之皮。”本义为剥兽皮。“皮”还可以表示酥脆的东西变韧，如“花生放皮了”;表示兽皮，如“皮胶”；表示薄片状的东西，如“豆腐皮”；表示表面的、肤浅的，如“皮里春秋”;表示顽皮、调皮，如“这孩子真皮”;表示无所谓的，如“他老挨批，都皮了”等。

看名家书写示范

杅穿皮蠹

《公羊传 · 宣公十二年》:“杅不穿，皮不蠹，则不出于四方。”何休注：“杅，饮水器；穿，败也；皮，裘也；蠹，坏也。言杅穿皮蠹乃出四方。古者出四方朝聘征伐，皆当多少图有所丧费，然后乃行尔。”比喻国家的积蓄非常富足。也指事先充分准备，谋定而后行动。

28　　29

星期六　　**星期日**

己亥年八月大 **三十日**	初十寒露	己亥年九月小 **初一日**

gé

[字解]

《说文解字》:“革,兽皮治去其毛,革更之。”本义为皮革。“革”还可以表示用革制成的甲胄,如“兵革之利”;表示车前的饰物,如“革车千乘”;表示变革、更改,如“洗心革面”;表示免除,如“革职”等。

看名家书写示范

革故鼎新

孟繁禧書

革故鼎新

《易·杂卦》:“革,去故也。鼎,取新也。”旧指朝政变革或改朝换代。现泛指除去旧的,建立新的。

2019

九月小

30

己亥年九月小 **初二日**	初十寒露	**星期一**

明聖既可蠲茲
沉痼又將延彼
遐齡是以百辟
卿士相趨動色

2019
10

hé / hè / huó
huò / hú

[字解]

《说文解字》:“和，相应也。”本义为相和。“和”还可表示相安、谐调，如“和美”；表示数学上加法运算中的得数，如“二加二的和是四”；表示跟、同，如“我和老师打球”;表示向、对,如“我和老师请教”;表示比赛不分胜负的结果,如“和局”等。

看名家书写示范

和衷共济

《尚书 · 皋陶谟》:“同寅协恭，和衷哉。”《国语 · 鲁语》:“夫苦匏不材于人，共济而已。”比喻同心协力克服困难。

2019

十月大

己亥年九月小 初三日	初十寒露	国庆节 星期二

chéng

[字解]

《说文解字》:“成，就也。”本义为完成、成就。“成”还可以表示变成、成为；表示成全，如“玉成其事”；表示事物生长到一定的状态；表示树立，如“成果”；表示平定、讲和；表示成功，如“成败”；表示十分之一的比率，如“增产三成”；表示现成的，如“成辞”；表示既定的，如“成科”；表示整、全，如“成天”；表示纯的，如“成金”;表示达到一个单位，如“成年累月”等。

看名家书写示范

水火相济　盐梅相成

《旧唐书 · 王义方》:“本欲水火相济，盐梅相成，然后庶绩咸熙，风雨交泰。”烹饪赖水火而成，调味兼盐梅而用。比喻人之才性虽各异，而可以和衷共济。

2019

十月大

己亥年九月小 **初四日**	初十寒露	**星期三**

zhuàng

[字解]

《说文解字》:“壮，大也。”本义为高大、壮实。“壮”还可以表示豪迈,如“壮思”;表示宏伟，如“壮丽”;表示坚实、坚牢，如“金绳铁索纽壮，古鼎跃水龙腾梭”;表示增强，如“给他壮胆”；表示赞赏，如“识者壮之”；表示壮年，如“少壮不努力”；表示壮族的简称等。“壮”也指农历八月。

看名家书写示范

壮志凌云

京镗《定风波 · 休卧元龙百尺楼词》:“莫道玉关人老矣，壮志凌云，依归不惊秋。”形容志气高远。

2019

十月大

3

己亥年九月小 初五日	初十寒露	星期四

guǒ

[字解]

《说文解字》:“果，木实也。”本义为果实。“果”还可以表示结果，如“因果”；表示果敢，如“由也果”；表示吃饱，如“果腹”；表示实现，如“未果，寻病终”；表示果然、当真，如“果不出所料”；表示究竟、终于、到底，如“果不如先愿”；表示如果、假若，如“果如是”等。

看名家书写示范

果刑信赏

沈亚之《贤良方正能直言极谏策》:“果刑信赏，国之筋维也；九州百郡，国之百体也。”谓赏罚严明。

2019
十月大

己亥年九月小 **初六日**	初十寒露	**星期五**

shí

[字解]

《说文解字》:“实，富也。”本义为财物粮食充足，富有。“实”还可以表示真实，如“虚则知实之情”;表示诚实;表示坚实、坚强，如“兵之形，避实而击虚”；表示果实、种子，如“草木之实”;表示实际、事实,如“实情”;表示结果、效果,如“畏惧存想，同一实也”;表示真正地、确实，如“实属谣言”;表示充满、充实，如“实禀”；表示实践、实行，如“实其言”；表示即、就是,如“我之先君,实汝伯兄”等。

看名家书写示范

循名考实

傅嘏《难刘劭考课法论》:“夫建官均职，清理民物，所以务本也，循名考实，纠励成规，所以治末也。”形容按其名而求其实，要求名实相符。

2019
十月大

5

星期六

6

星期日

己亥年九月小 **初七日**	初十寒露	己亥年九月小 **初八日**

guàn

[字解]

《说文解字》:“贯，钱贝之贯。”本义为穿钱的绳子。“贯”还可以表示条理、系统，如“鱼贯而进”；表示祖籍，如“籍贯”；表示序次，如“贯序”；表示用绳子穿连成串，如“贯通”；表示侍奉，如“三岁贯女,莫我肯顾”;表示注入,如“贯输”等。

看名家书写示范

一以贯之

《论语·里仁》:“子曰:‘参乎！吾道一以贯之。’曾子曰:‘唯。’子出，门人问曰：‘何谓也？’曾子曰：‘夫子之道，忠恕而已矣。’”指用一个根本性的事理贯通事情的始末或全部。

2019

十月大

己亥年九月小 **初九日**	明日寒露	重阳节 **星期一**

hán

[字解]

《说文解字》:“寒,冻也。”本义为冷。“寒”还可以表示贫困，如“寒士”;表示卑微、低微，如“寒品”;表示冷清，如“寒芒”;表示凋零、枯萎，如“寒枝”;表示恐惧、战栗，如“寒心”;表示终止盟约，如“遂寒前盟”；表示由寒邪引起的机能衰退的病症，如“受了一点寒”等。

看名家书写示范

寒木春华

颜之推《颜氏家训 · 文章》:“既有寒木，又发春华，何如也？”比喻各具特色，各有千秋。

 **2019** 

十月大

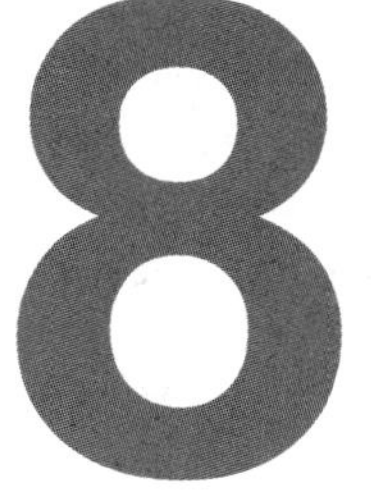

己亥年九月小 **初十日**	今日寒露	寒露22时05分 **星期二**

zé

[字解]

《说文解字》:“则，等画物也。”本义为准则、法则。“则”还可以表示等级,如“《坤》作坠势，高下九则”；表示标准权衡器，如“轨则”；表示榜样，如“以身作则”；表示仿效、效法，如“则先烈之言行”；表示做、作,如“众人听了,吓得不敢则声”；表示相反、对照、平列、假设、让步等作用的虚词，如“今则不然”等。

看名家书写示范

好问则裕

《尚书·汤诰》:“好问则裕，自用则小。”指遇到疑难就向别人请教，学识就会渊博精深。

2019
十月大

己亥年九月小 十一日	廿六霜降	星期三

cì

[字解]

《说文解字》:“赐，予也。”本义为赏赐、给予。“赐”还可以表示请给,如“赐函”“赐示”等。

看名家书写示范

赐箸表直

据《开元天宝遗事》记载，李隆基为表彰宰相宋璟守法持正、刑赏无私、敢于犯颜直谏的品德，以所用一双金筷子赐予璟。李隆基说:“非赐汝金，盖赐卿以箸，表卿之直耳。”

10

己亥年九月小 **十二日**	廿六霜降	**星期四**

shǎng

[字解]

《说文解字》:“赏,赐有功也。”本义为赏赐、奖给。“赏”还可以表示玩赏、欣赏,如“赏月”;表示称颂、赞扬,如“赞赏”;表示尊重,如“赏贤使能以次之”等。

看名家书写示范

奇文共欣賞

疑義相與析

奇文共欣赏　疑义相与析

典出陶渊明《移居》。指遇到非常优秀的文章大家共同阅读思考,如有不同的观点大家相互讨论分析。

2019
十月大

11

己亥年九月小 十三日	廿六霜降	星期五

cháng

[字解]

《说文解字》:“尝，口味之也。”本义为辨别滋味,品尝。“尝”还可以表示尝试,如“尝巧”；表示经历，如“备尝艰苦”；表示曾经，如“未尝识书具”等。《尔雅·释天》:“秋祭曰尝。”“尝”是秋日祭祀的名称。

看名家书写示范

卧薪尝胆

典出《史记 · 越王勾践世家》。越王勾践战败之后以柴草卧铺，并经常舔尝苦胆，时时警惕自己不忘所受苦难。后用以比喻刻苦自励。

2019
十月大

12   13

星期六   星期日

己亥年九月小 十四日	廿六霜降	己亥年九月小 十五日

tài

[字解]

《说文解字》:“泰,滑也。”《说文解字》:“滑,利也。”《周礼·天官·食医》:“调以滑甘。”《疏》:“滑者,通利往来。所以调和五味。”《说文解字》释“泰”为“滑”,需要注意的是,“滑”本来具有通利、顺利的意思,所以,在具体使用中,“泰”具有安、佳、美好之意。“泰”还可以表示极,如“泰西”;表示骄纵、傲慢,如“泰侈”等。

看名家书写示范

天地交泰

《易·泰卦》:“天地交泰。”指天地之气和祥,万物通泰。

2019
十月大

14

己亥年九月小 十六日	廿六霜降	星期一

shǔ

[字解]

《说文解字》:“黍，禾属而粘者也。以大暑而种，故谓之黍。”植物名，一般于八月成熟，亦称“稷”“糜子”。“黍”还可以表示长度，如“舟首尾长约八分有奇，高可二黍许”；表示黄米做的饭，如“故人具鸡黍”等。

看名家书写示范

范张鸡黍

典出《后汉书 · 独行列传》。范式、张劭远隔千里，相期约会，张劭对范式坚信不疑，范式果真如期赴约，一起喝酒食鸡。后比喻朋友间真诚的信义和深情。

2019

十月大

15

己亥年九月小 **十七日**	廿六霜降	**星期二**

TUESDAY, OCT 15

lù

[字解]

《说文解字》:“路，道也。”本义为道路。“路”还可以表示路程、行程，如“缘溪行，忘路之远近”；表示思想或行动的途径，如“忠谏之路”；表示君王居住的地方，如“路门”；表示种类、类型，如“路数”；表示经过，如“路不周以左转兮，指西海以为期”；表示大，如“路台”等。

看名家书写示范

峰回路转

欧阳修《醉翁亭记》:“山行六七里，渐闻水声潺潺而泻出于两峰之间者，酿泉也。峰回路转，有亭翼然临于泉上者，醉翁亭也。”峰峦重叠环绕，山路蜿蜒曲折，形容山水名胜路径曲折复杂，也比喻事情有了转机。

2019

十月大

16

己亥年九月小 **十八日**	廿六霜降	**星期三**

zú

[字解]

《说文解字》:“足，人之足也，在下。”本义为膝盖以下小腿和脚的合称。“足”还可以表示完备，如“足够”；表示纯的，如“十足”；表示富裕的，如“丰足”；表示满足,如“声音不足”;表示重视,如“法礼足礼，谓之有方之士”;表示止，如“为天下谷，常德乃足，复归于朴”；表示完成，如“言以足志，文以足言”;表示值得，如“不足为外人道也”等。

看名家书写示范

千里之行

始於足下

千里之行　始于足下

老子《道德经》:“合抱之木，生于毫末；九层之台，起于垒土；千里之行，始于足下。”比喻事情是从头做起，逐步进行的。

2019

十月大

17

己亥年九月小 **十九日**	廿六霜降	**星期四**

jiǔ

［字解］

《说文解字》："九，阳之变也。象其屈曲究尽之形。"本义为数字九。"九"除了作为基数，还可以作为序数表示第九，比如九月是一年中的第九个月。

看名家书写示范

行百里者半九十

刘向《战国策·秦策五》："诗云：'行百里者半于九十。'此言末路之难也。"走一百里路，走了九十里才算是走了一半。比喻做事愈接近成功愈困难，愈要认真对待。

2019
十月大

18

己亥年九月小 **二十日**	廿六霜降	**星期五**

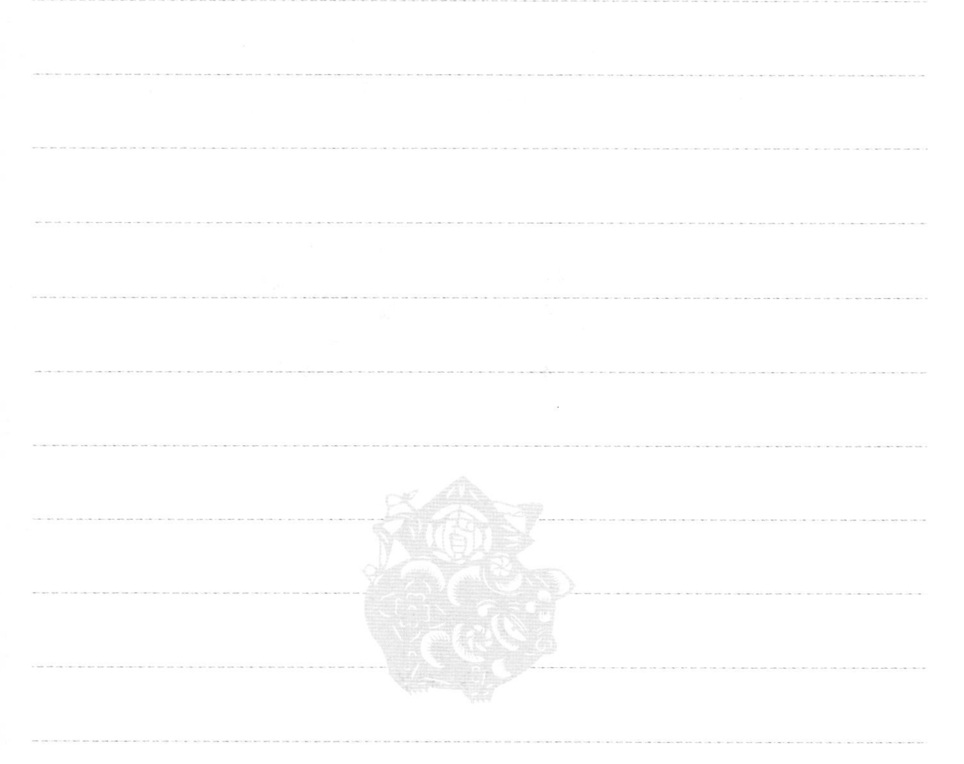

jiǔ

[字解]

《说文解字》:“久，以后灸之，象人两胫后有距也。”“灸”的古字，本义为灸灼。在具体使用中,更多表示长久的意思。“久”还可以表示支撑,如“久诸墙以观其桡也”;表示堵塞,如“幂用疏布久之”;表示等待,如“轩骄之兵,则恭敬而久之”;表示滞留,如“寡君以为盟主之故，是以久子”。

看名家书写示范

长治久安

《明史 · 谢铎传》:“愿陛下以古证今，兢兢业业，然后可长治久安，而载籍不为无用矣。”指国家长期安定，永久太平。

19 20

星期六 **星期日**

己亥年九月小 **廿一日**	廿六霜降	己亥年九月小 **廿二日**

lǎo

[字解]

《说文解字》:“老，考也。”本义为年老。“老”还可以表示历时长久,如“老工厂”;表示富有经验、阅历深，如“老辣”;表示大，如“老劲”;表示排行在最后的，如“老生女儿”;表示对先辈、年长者的尊称,如“老太太”;表示自称,如“老妾”“老身”;表示父母或兄长，如“老母”;表示死的讳称，如“老去”;表示持续、经常、反复出现，如“老问这个”;表示很、极，如“老早了”;表示很久,如“老没见你啊”等。

看名家书写示范

老马识途

《韩非子 · 说林上》:“管仲、隰朋从于桓公伐孤竹，春往冬返，迷惑失道。管仲曰 :‘老马之智可用也。’乃放老马而随之。遂得道。”老马认识路。后指经历丰富练达的人对事情比较熟悉。

2019
十月大

21

己亥年九月小 **廿三日**	廿六霜降	**星期一**

xiào

[字解]

《说文解字》:“孝，善事父母者。”本义为尽心奉养和服侍父母。“孝”还可以表示能继先人之志，如“追孝于前文人”；表示居丧,如“孝家”;表示丧服,如“戴孝”;表示服丧期，如“守孝”等。

看名家书写示范

移孝作忠

《孝经 · 广扬名》:“君子之事亲孝，故忠可移于君。”指转移孝顺父母的心，来对国家尽忠。

2019
十月大

22

己亥年九月小 **廿四日**	廿六霜降	**星期二**

xiǔ

[字解]

《说文解字》:“朽，木腐也。” 本义为腐烂。“朽” 还可以表示衰老、衰弱，如 “年朽发落”;表示磨灭、消散，如 “死且不朽” 等。晚秋时节，万物凋零，所以农历九月又被称为 “朽月”。

看名家书写示范

永垂不朽

《魏书 · 高祖纪下》:“虽不足纲范万度，永垂不朽，且可释滞目前，釐整时务。” 指光辉的事迹和伟大的精神永远流传，不会磨灭。

2019
十月大

23

己亥年九月小 **廿五日**	明日霜降	**星期三**

WEDNESDAY, OCT 23

shuāng

[字解]

《说文解字》:“霜，丧也。成物者。”本义为气温降到摄氏零度以下时，近地面空气中水汽的白色结晶。“霜”还可以表示如霜的粉末,如“冰盘若琥珀,何以糖霜美”;表示白色,如“徒霜镜中发,羞彼鹤上人”;表示高洁，如“霜操”;表示冷酷，如“霜法”；表示锋利，如“霜刀”等。“霜”可以代指年岁，如“客舍并州已十霜，归心日夜忆咸阳”；代指秋天或晚秋，如“秋菊迎霜序，春藤碍日辉”。

看名家书写示范

琨玉秋霜

《后汉书 · 孔融传》:“懔懔焉，皓皓焉，其与琨玉秋霜比质可也。”

比喻人品高洁，言行谨慎庄重。

2019
十月大

24

己亥年九月小 **廿六日**	今日霜降	霜降01时19分 **星期四**

jú

[字解]

《说文解字》:“菊，大菊，蘧麦。”本义为菊花。“菊”还可以作为姓氏,如“菊部头”等。菊花在晚秋时节盛开，所以，农历九月又被称为“菊月”。

看名家书写示范

春兰秋菊

屈原《九歌·礼魂》:“春兰兮秋菊，长无绝兮终古。”比喻异时景物，各有佳胜。

2019

十月大

25

己亥年九月小 廿七日	十二立冬	星期五

bèi

[字解]

《说文解字》:“贝，海介虫也。居陆名猋，在水名蛹。”本义为海贝，象海贝之形。“贝”还可以表示古代的货币，如“大贝四寸八分以上”；表示贝形花纹，如“贝胄”；表示姓氏，如“贝义渊”等。

看名家书写示范

珠宫贝阙

屈原《九歌 · 河伯》:“鱼鳞屋兮龙堂，紫贝阙兮朱宫。”用珍珠宝贝做的宫殿。形容房屋华丽。

26		27
星期六		星期日
己亥年九月小 廿八日	十二立冬	己亥年九月小 廿九日

jú

[字解]

《说文解字》:“橘，果。出江南。”本义为橘子。

看名家书写示范

陆绩怀橘

《三国志 · 陆绩传》:“陆绩，三国时吴人也。官至太守，精于天文、历法。绩年六，于九江见术。术令人出橘食之。绩怀三枚，临行拜辞术，而橘坠地。术谓曰 :‘陆郎作客而怀橘乎？’绩跪对曰 :‘是橘甘，欲怀而遗母。’术曰 :‘陆郎幼而知孝，大必成才。’术奇之，后常称说。”指孝敬父母的美德。

2019
十月大

28

己亥年十月小 初一日	十二立冬	星期一

MONDAY, OCT 28

jiàng / xiáng

[字解]

《说文解字》:“降，下也。”本义为下落。“降”还可以表示贬抑，如“降调”；表示诞生，如“釐降二女于妫汭”；表示赐给、给予，如“降德”；表示下嫁，如“降嫔”；表示投降，如“降骨”；表示驯服，如“降龙”；表示欢悦，如“我心则降”；表示详细等。

看名家书写示范

作善降祥

《尚书 · 伊训》:“作善降之百祥，作不善降之百殃。”指平日行善，可获吉祥。

2019
十月大

29

己亥年十月小 **初二日**	十二立冬	**星期二**

TUESDAY, OCT 29

xù

[字解]

《说文解字》:“序，东西墙也。”本义为东西墙。“序”还可以表示东西厢房,如“西厢踟蹰以闲宴，东序重深而奥秘”；表示学校，如“序室”；表示次第，如“雁行有序”；表示教育，如“神理共契，政序相参”；表示季节，如“序属清秋”；表示序言，如“予为斯序”;表示功业，如“继序思不忘”；表示叙说，如“彼此序了几句闲话”;表示草拟，如“县里正在序稿”；表示按功升官，如“崇德序功”等。

循序渐进

《论语 · 宪问》:“不怨天，不尤人，下学而上达，知我者其天乎？”朱熹注 :“此但自言其反己自修，循序渐进耳。”指学习工作等按照一定的步骤逐渐深入或提高。

2019

十月大

30

己亥年十月小 **初三日**	十二立冬	**星期三**

sù

[字解]

《说文解字》:“肃，持事振敬也。”本义为恭敬。“肃”还可以表示庄重、严肃，如“肃命”；表示清静、安静，如“肃肃”；表示严峻、严格，如“肃遏”；表示揖拜，如“肃启”“谨肃”；表示清除，如“肃清”；表示整饬，如“整肃”；表示肃杀，如《月令七十二候集解》:“九月中，气肃而凝，露结为霜矣。”

看名家书写示范

威刑肃物

刘义庆《世说新语 · 政事》:“桓公在荆州，全欲以德被江汉，耻以威刑肃物。”指严刑使人恭顺。

2019

十月大

31

己亥年十月小 **初四日**	十二立冬	**星期四**

贄咸陳大道無名上德不德玄功潛運幾深莫測鑿井而飲耕

己亥

hóng

[字解]

《说文解字》:“鸿，鹄也。”本义为大雁。“鸿”还可以表示洪水，如“禹有功，抑下鸿”;表示天地未开时的景象,如“鸿蒙”;表示大,如“鸿猷”;表示学识渊博,如“鸿儒”;表示旺盛、兴盛，如“鸿明”等。

看名家书写示范

雪泥鸿爪

苏轼《和子由渑池怀旧诗》:“人生到处知何似？应似飞鸿踏雪泥。泥上偶然留指爪，鸿飞那复计东西。”比喻往事所遗留的痕迹。

2019

十一月小

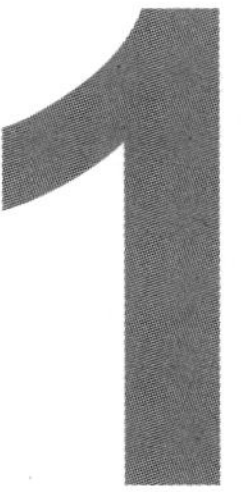

己亥年十月小 **初五日**	十二立冬	**星期五**

yàn

[字解]

《说文解字》:“雁，鸟也。”本义为鸟名。“雁”还可以表示书信，如“雁帛”。

看名家书写示范

雁塔题名

王定保《唐摭言》:“进士题名，自神龙之后，过关宴后，率皆期集于慈恩塔下题名。”比喻科举中试，金榜题名。

2019

十一月小

2

3

星期六

星期日

己亥年十月小 **初六日**	十二立冬	己亥年十月小 **初七日**

quǎn

[字解]

《说文解字》:“犬，狗之有悬蹄者也。”本义为狗。“犬”还可以表示自谦或鄙斥他人之词，如“犬子”“犬妇”等。

看名家书写示范

吞纸抱犬

颜之推《颜氏家训 · 勉学》:“好学，家贫无资，累日不爨，乃时吞纸以实腹，寒无毡被，抱犬而卧。”形容家贫好学。

2019

十一月小

己亥年十月小 **初八日**	十二立冬	**星期一**

lèi

[字解]

《说文解字》:“类，种类相似，唯犬为甚。”本义为种类。“类”还可以表示事例、条例，如“举类迩而见义远”；表示相似，如“不类前人”；表示类比，如“类推”；表示大抵，如“观古今文人，类不护细行”等。

看名家书写示范

比物连类

司马迁《史记 · 鲁仲连邹阳列传》：“然其连类比物，有足悲者，亦可谓抗直不挠。”指连缀相类的事物，进行排比归纳。

2019

十一月小

5

己亥年十月小 初九日	十二立冬	星期二

shè

[字解]

《说文解字》:“射，弓弩发于身而中于远也。”本义为射箭。“射”还可以表示猜度，如“射覆”;表示打赌，如“争千里之逐”;表示谋求、逐取，如“江淮豪贾射利”;表示循着、顺着，如“射声而至”;表示拦阻，如“谋为石岸，以射水势”;表示投壶，如“射者中，弈者胜”;表示圭璋上端锐出部分，如“边璋七寸，射四寸”等。《礼记·月令》:“律中无射。”古人以十二律与十二月相配，无射配农历九月。

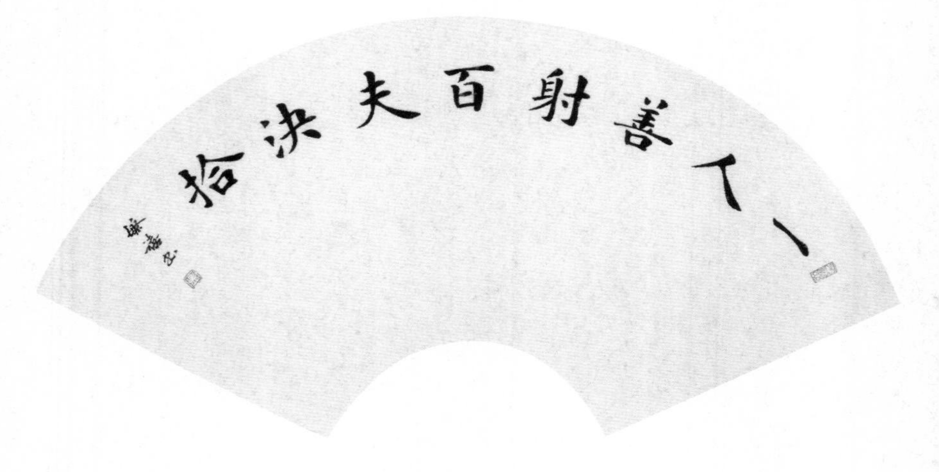

一人善射　百夫决拾

《国语·吴语》:“夫一人善射，百夫决拾，胜未可成也。”为将者善战，其士卒必勇敢无前。比喻凡事为首者倡导于前，则其众必起而效之。

2019

十一月小

6

己亥年十月小 **初十日**	十二立冬	**星期三**

gē

[字解]

《说文解字》:“戈，平头戟也。”本义为一种兵器名。“戈”还可以表示兵器的总名，如“戈兵”；表示战争、战乱，如“偃武息戈，卑辞事汉”等。

看名家书写示范

金戈铁马

《新五代史 · 李袭吉传》:“金戈铁马，蹂践于明时。”比喻战争。也形容战士持枪驰马的雄姿。

2019

十一月小

己亥年十月小 十一日	明日立冬	星期四

dōng

[字解]

《说文解字》:“冬，四时尽也。”四季中的第四季。表示从立冬到立春的三个月时间，或者农历的十月、十一月和十二月。“冬”还可以表示最后、终了，如“诰诰作事，毋从我冬始”;表示象声词,如“冬冬声”等。

看名家书写示范

冬温夏清

《礼记 · 曲礼上》:“凡为人子之礼，冬温而夏清，昏定而晨省。”指在寒冬里为父母温暖被褥，在盛夏中为父母扇凉床席。

2019

十一月小

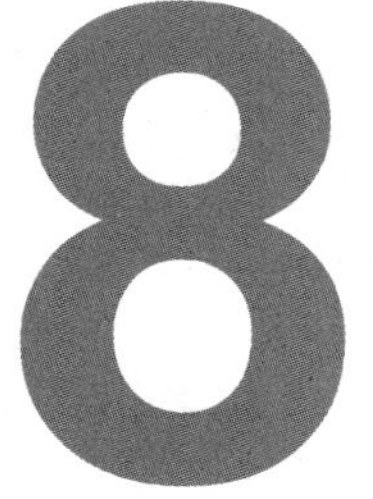

己亥年十月小 **十二日**	今日立冬	立冬01时24分 **星期五**

bái

[字解]

《说文解字》:“白,西方色也。阴用事,物色白。”本义为白色。“白”还可以表示纯洁;表示明亮;表示一无所有,如“白手起家”;表示显著,如“功名不白”;表示戏曲或歌剧中只说不唱的语句,如“独白”;表示白话,如“文白夹杂”;表示清楚、明白,如“不白之冤”;表示说明,如“表白”;表示禀报,如“虚吏白州,州白大府”;表示平白,如“白活”等。在传统的五行观念中,白色对应着西方、秋季。

看名家书写示范

虚室生白

《庄子 · 人间世》:“瞻彼阕者,虚室生白,吉祥止止。”比喻心境若能保持虚静,不为欲念所蒙蔽,则能纯白空明,真理自出。

2019

十一月小

9		10
星期六		星期日
己亥年十月小 十三日	廿六小雪	己亥年十月小 十四日

jīn

[字解]

《说文解字》:“斤，斫木也。”本义为斧子，象其形。“斤”还可以表示砍削、砍杀，如“斤迹”;表示对文字的删削修饰,如“斤正”；表示过分计较，如“斤斤较量”；表示重量单位，如“千余斤”等。

看名家书写示范

运斤如风

元好问《续夷坚志 · 贾叟刻木》:“平阳贾叟，无目而能刻神像……僧说贾初立木胎，先摸索之，意有所会，运斤如风。”指挥斧成风声。形容技术的高妙。

2019

十一月小

11

己亥年十月小 十五日	廿六小雪	星期一

jù

[字解]

《说文解字》:“具，共置也。”本义为准备、备办。“具”还可以表示写、题，如“具草”；表示具备、有，如“具乎其前”；表示判决、定案，如“狱具矣”；表示才能、才干，如“抱将相之具”；表示酒席，如“今有贵客，为具召之”；表示完备、详尽，如“此人一一为具言所闻”；表示数量，如“座钟一具”等。

看名家书写示范

百福具臻

《旧唐书·李藩传》:“伏望陛下每以汉文孔子之意为准，则百福具臻。”

形容各种福运一齐来到。

2019

十一月小

12

己亥年十月小 **十六日**	廿六小雪	**星期二**

TUESDAY, NOV 12

wǔ

[字解]

《说文解字》："楚庄王曰：'夫武，定功戢兵。故止戈为武。'" 本义为干戈军旅之事。"武"还可以表示勇猛、猛烈，如"孔武有力"；表示长度单位，如"不过步武尺寸之间"；表示足迹，如"绳其祖武"；表示继承，如"下武维周，世有哲王"等。

看名家书写示范

允文允武

《诗经 · 鲁颂 · 泮水》："允文允武，昭假烈祖。"形容既能文又能武。

2019

十一月小

13

己亥年十月小 十七日	廿六小雪	星期三

zhōng

[字解]

《说文解字》:“终，絿丝也。”本义为在丝线的末端把丝缠紧。在具体使用中,“终”更多表示结束、终了之意。“终”还可以表示死，如“未果，寻病终”;表示完成，如“羊子感其言,复还终业”;表示相当于，如“出载而立，其广终队”；表示古代历法中的闰月，如“举正于中，归邪于终”；表示整、全、尽，如“终宵刺探”；表示终究、到底，如“终不可强夺”等。

看名家书写示范

慎终追远

《论语 · 学而》:“慎终追远，民德归厚矣。”指居父母丧要尽礼节，祭祀先人要尽虔诚。

2019
十一月小

14

己亥年十月小 **十八日**	廿六小雪	**星期四**

THURSDAY, NOV 14

jìn/jǐn

[字解]

《说文解字》:“尽，器中空也。”本义为器物中空。“尽”在具体使用时曾分化为“儘”和“盡”，后又合为“尽”。“尽”还可以表示尽量；表示最，用在方位词的前面，如“尽南边”；表示保持某种事情的连续性，如“这些日子尽下雨”；表示以某个范围为界限，不得超过；表示任凭，如“尽教飞舞出宫墙”；表示竭、完，如“林尽水源”；表示达到极限，如“尽善尽美”等。

看名家书写示范

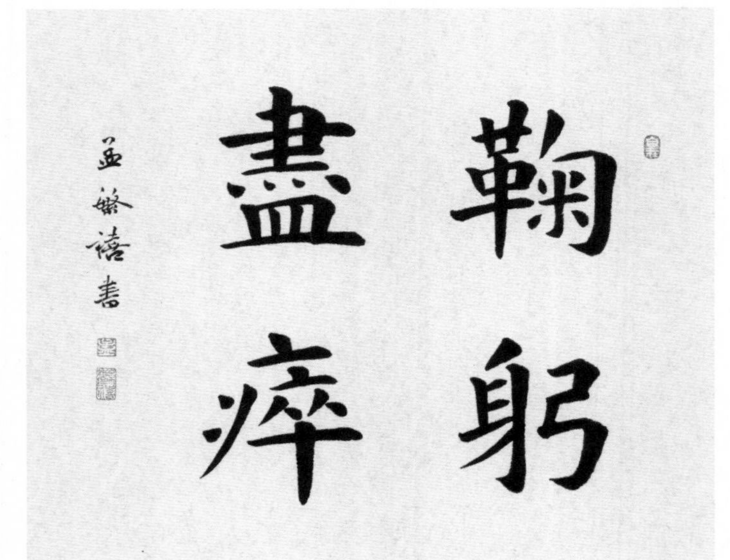

鞠躬尽瘁

诸葛亮《出师表》:“鞠躬尽瘁，死而后已。”形容勤勤恳恳，竭尽心力，贡献出全部的力量。

2019

十一月小

15

己亥年十月小 **十九日**	廿六小雪	**星期五**

bì

[字解]

《说文解字》:“闭，阖门也。”本义为关门。“闭”还可以泛指闭合、合拢，如“闭目养神”；表示壅塞不通，如“闭绝”；表示禁绝，如“礼者，所以闭淫也”;表示停止、结束，如“闭歇”“闭会”;表示门闩的孔，如“不谨其闭，不固其门”等。《礼记·月令》:“天气上腾，地气下降，天地不通，闭塞而成冬。”古时称立秋、立冬为“闭”，意即开始闭藏。

看名家书写示范

陈善闭邪

《孟子 · 离娄上》:“责难于君谓之恭，陈善闭邪谓之敬，吾君不能谓之贼。”朱熹注 :“开诚善道，以禁闭君之邪心。”指臣下对君主陈述善法美政，借以堵塞君主的邪心妄念。

16

17

星期六

星期日

己亥年十月小 **二十日**	廿六小雪	己亥年十月小 **廿一日**

shōu

[字解]

《说文解字》:“收,捕也。”本义为收捕。“收”还可以表示收拾、收取，如“勤者有事则收之”；表示聚集、收集，如“我其收之”；表示收容、接受，如“收孤寡，补贫穷”；表示收获、收割,如“秋收冬藏”;表示征收,如“其收田租亩四升”；表示收回，如“收天下之兵”；表示占取，如“尽收其地”；表示收成,如“百亩之收不过百担”等。《月令七十二候集解》:“冬,终也,万物收藏也。”

看名家书写示范

兼收并蓄

朱熹《己酉拟上封事》:“小人进则君子必退，君子亲则小人必疏，未有可以兼收并蓄而不相害者也。”把各种不同的东西收罗、包含在内。形容博采众议。

2019

十一月小

18

己亥年十月小 **廿二日**	廿六小雪	**星期一**

cáng / zàng

[字解]

《说文解字》:“藏，匿也。”本义为收藏、储集。“藏”还可以表示怀有，如“包藏祸心”;表示收藏财物的府库，如“五曰府，掌官契以治藏”;表示内脏，如“酒练五藏”;表示佛教或道教的经，如“道藏”;表示宝藏，如“只道他掘了藏，原来却做了这样生意，故此有钱”等。

看名家书写示范

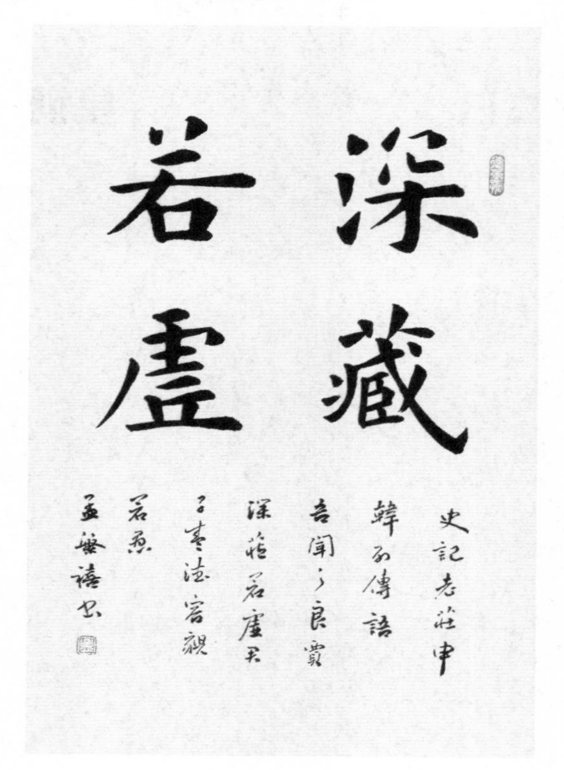

深藏若虚

《史记 · 老庄申韩列传》:“良贾深藏若虚，君子盛德，容貌若愚。”

形容深藏宝货，不炫耀人前。

2019

十一月小

19

己亥年十月小 **廿三日**	廿六小雪	**星期二**

huò

[字解]

《说文解字》:“获,猎所获也。”今天的通用规范字兼并了“獲”和“穫”两个字形之意:前者本义为猎获,后者本义为收割庄稼。“获”还可以表示俘获,如“获者取左耳”;表示得到、取得,如“获宝玉大弓”;表示得以、能够,如“获申”“获全”等。

看名家书写示范

实获我心

郭熙《林泉高致·山水训》:“今得妙手郁然出之,不下堂筵,坐穷泉壑,猿声鸟啼依约在耳,山光水色滉漾夺目,此岂不快人意,实获我心哉,此世之所以贵夫画山之本意也。”表示别人说的跟自己的想法一样。

2019

十一月小

20

己亥年十月小 **廿四日**	廿六小雪	**星期三**

jù

[字解]

《说文解字》:“聚，会也。”本义为会聚。“聚”还可以表示村落,如“禹无十户之聚，以王诸侯”;表示众、集团、一伙，如“我是以有辅氏之聚”;表示积蓄、累积,如“聚菽粟”;表示征集,如“太医以王命聚之”等。

看名家书写示范

聚沙成塔

《妙法莲华经·方便品》:“乃至童子戏，聚沙为佛塔。”聚细沙成宝塔。原指儿童堆塔游戏，后比喻积少成多。

2019

十一月小

21

己亥年十月小 廿五日	明日小雪	星期四

xuě

[字解]

《说文解字》:“雪，凝雨，说物者。”空气中的水汽冷却到摄氏零度以下时，就有部分凝结成冰晶，形成降雪。“雪”还可以表示白色，如“朝如青丝暮成雪”；表示高洁，如“霜筋雪骨健依然”；表示下雪，如“于时始雪，五处俱贺”；表示洗刷、昭雪，如“雪正”“雪谤”；表示擦净、揩干，如“雪泣”“雪桃”等。

看名家书写示范

踏雪尋梅

踏雪寻梅

程登吉《幼学琼林 · 卷四 · 花木类》:“冒雨剪韭，郭林宗款友情殷；踏雪寻梅，孟浩然自娱兴雅。”指在雪地中，顺着腊梅的香气寻找梅树的踪迹。

2019

十一月小

22

己亥年十月小 **廿六日**	今日小雪	小雪22时58分 **星期五**

jiān

[字解]

《说文解字》:“坚，刚也。”本义为坚硬、结实。“坚”还可以表示牢固、坚固,如“誉其盾之坚”；表示饱满，如“其谷不坚”；表示坚定，如“坚心”；表示牢靠、稳定，如“坚致为上”；表示固执，如“行辟而坚”；表示坚固的东西，如“披坚执锐”；表示要塞、堡垒，如“攻坚”；表示加固、使坚固，如“坚精”。《月令七十二候集解》:“初候，水始冰。水面初凝，未至于坚也。”

看名家书写示范

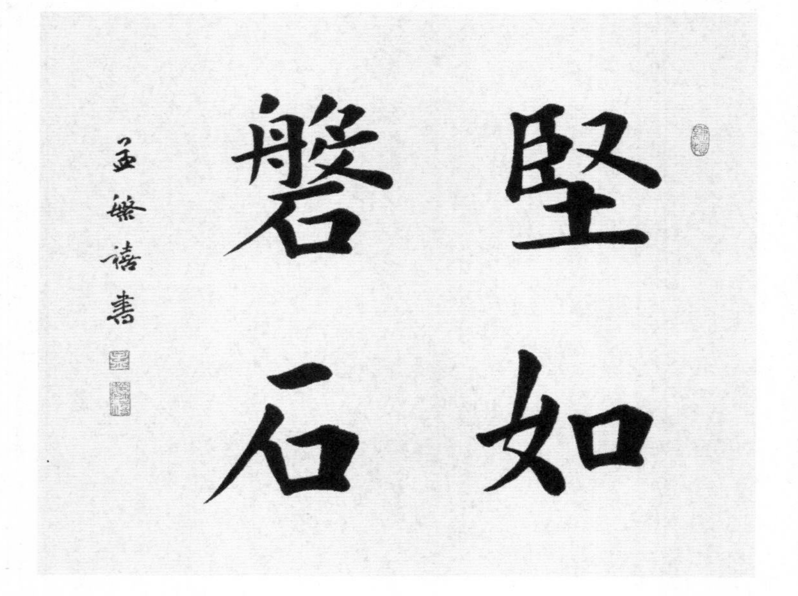

坚如磐石

《孔雀东南飞》:“磐石方且厚，可以卒千年。”《文选 · 古诗十九首》:“良无磐石固，虚名复何有？”像大石头一样坚固。比喻不可动摇。

2019
十一月小

23　24

星期六　**星期日**

己亥年十月小 **廿七日**	十二大雪	己亥年十月小 **廿八日**

bĕi

[字解]

《说文解字》:“北，乖也。”本义为相背。在具体使用中，“北”更多表示北方。北是太阳在冬季所处的方位，后被用来代称冬天。比如张载《七哀诗二首》:“朱光驰北陆，浮景忽西沉。”“北”还可以表示败北，如“连战皆北”等。

看名家书写示范

北辰星拱

《论语·为政》:“为政以德，譬如北辰，居其所而众星共之。”比喻治理国家施行德政，天下便会归附。

2019

十一月小

25

己亥年十月小 **廿九日**	十二大雪	**星期一**

MONDAY, NOV 25

jì

[字解]

《说文解字》:“冀，北方州也。”本义为冀州。“冀”还可以表示河北省的简称，如“晋冀鲁豫”;表示希望、期望，如“冀其成功”等。

看名家书写示范

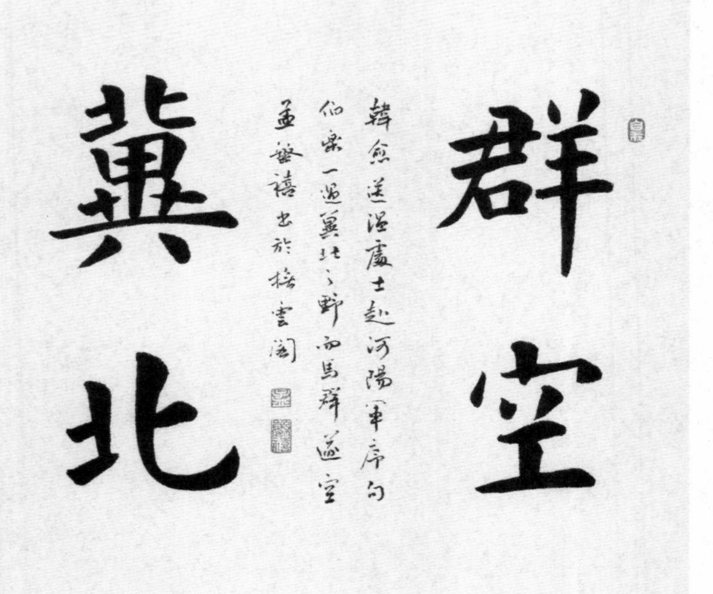

群空冀北

韩愈《送温处士赴河阳军序》:“伯乐一过冀北之野，而马群遂空。”比喻有才能的人遇到知己而得到提拔。

2019
十一月小

26

己亥年十一月大 **初一日**	十二大雪	**星期二**

gu ī / jūn / qiū

[字解]

《说文解字》:“龟，旧也。外骨内肉者也。”本义为乌龟。“龟”还可以表示龟甲,如“龟玉毁于椟中”;表示高隆，如“生而龟胸”;表示高寿,如“龟寿”;表示皮肤冻裂,如“龟裂”等。

看名家书写示范

麟凤龟龙

《礼记 · 礼运》:“麟凤龟龙，谓之四灵。”古人认为麟凤龟龙是四种神灵的动物，用来比喻各种出类拔萃的人。

2019

十一月小

27

己亥年十一月大 **初二日**	十二大雪	**星期三**

xuán

[字解]

《说文解字》:“玄，幽远也。黑而有赤色者为玄。象幽而入覆之也。”本义为幽远。“玄”还可以表示赤黑色，如“天玄地黄”；表示黑色，如“玄禽”；表示黑暗，如“玄夜”；表示深奥，如“玄机”；表示北方，如“玄宫”“玄武”等。在传统的观念中，北方冬位，其色黑，故冬天又别称“玄冬”。

看名家书写示范

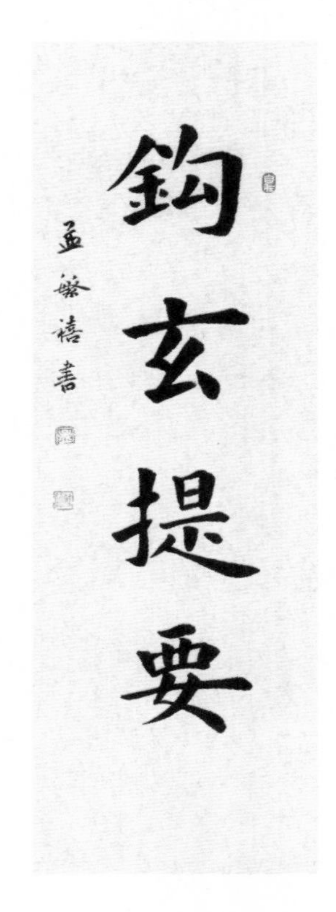

钩玄提要

韩愈《进学解》:“记事者必提其要，纂言者必钩其玄。”指探取精微，摘出纲要。

2019

十一月小

28

己亥年十一月大 **初三日**	十二大雪	**星期四**

hēi

[字解]

《说文解字》:“黑,北方色也。”本义为黑色。“黑”还可以表示昏暗无光,如“月黑风高”;表示狠毒、反动,如“黑店”;表示倒霉、不走运,如“黑路上”;表示夜晚,如“黑家白日”;表示隐蔽,如“把钱都黑起来了”;表示说坏话、诽谤,如“黑了良心”等。

看名家书写示范

知白守黑

《老子·第二十八》:“知其白，守其黑，为天下式。”形容内心光明，行为清白，却要以沉默昏暗自守而做到和光同尘。

2019

十一月小

29

己亥年十一月大 **初四日**	十二大雪	**星期五**

mò

[字解]

《说文解字》:“墨,书墨也。”本义为书画所用的黑色颜料。“墨”还可以表示诗文、书画,如“文墨”;表示绳墨,如“物仰其墨”;表示古代的五刑之一,如“墨刑”;表示墨家,如“墨者”;表示黑色,如“面深墨”;表示贪污、不廉洁,如“贪以败官为墨”等。

看名家书写示范

输攻墨守

《墨子·公输》:“子墨子解带为城,以牒为械,公输般九设攻城之机变,子墨子九拒之。公输般之攻械尽,子墨子守御有余。”比喻各显神通。

2019

十一月小

30

己亥年十一月大 **初五日**	十二大雪	**星期六**

物流形隨感變
質應德效靈不
焉如響赫赫明
明雜遝景福葳

己亥

2019

yōu

[字解]

《说文解字》:“幽，隐也。”本义为遮蔽、退隐、潜藏。“幽”还可以表示囚禁，如“公侯失礼则幽”;表示昏暗、阴暗，如“水府幽深”；表示深邃，如“出自幽谷，迁于乔木”；表示幽静，如“幽独处乎山中”；表示卑微，如“幽介”“幽陋”；表示幽雅，如“幽赏未已，高谈转清”；表示坟墓，如“幽宫”；表示阴间，如“幽冥界”；表示古幽州，如“幽州在北，幽昧之地也”等。

看名家书写示范

曲径通幽

常建《题破山寺后禅院诗》:“曲径通幽处，禅房花木深。”弯曲的小路通到风景美丽的地方。形容景色雅致迷人。

2019

十二月大

1

己亥年十一月大 **初六日**	十二大雪	**星期日**

rén

[字解]

《说文解字》:“壬，位北方也。”本义为天干的第九位。“壬”还可以表示巧辩，如“何畏乎巧言令色孔壬”;表示盛大、庄严，如“百礼既至，有壬有林”等。

看名家书写示范

女丁妇壬

韩愈《陆浑山火和皇甫湜用其韵》:“女丁妇壬传世婚，一朝结雠奈后昆。”阴阳家以丁为火，以壬为水。丁为阳中之阴，壬为阴中之阳。以丁女而为妇于壬，则水火相合。

2019

十二月大

己亥年十一月大 **初七日**	十二大雪	**星期一**

rén / rèn

[字解]

《说文解字》:“任，符也。”本义为信任。“任”还可以表示狡猾骗人,如“孔任不行”;表示承当、禁受,如“病不任行”;表示保举、担保，如“任保”;表示听凭、任凭，如“一任群芳妒”；表示放纵，如“任达”；表示使用，如“任力”;表示负责、主持，如“任持”；表示立功，如“以任百官”；表示让步关系，如“任是深山最深处，也应无计避征徭”等。

看名家书写示范

任重道远

《论语 · 泰伯》:“士不可以不弘毅，任重而道远。”担子重，路途远。比喻肩负需经历长期奋斗的重任。

2019

十二月大

3

己亥年十一月大 **初八日**	十二大雪	**星期二**

TUESDAY, DEC 3

guǐ

[字解]

《说文解字》："癸，冬时，水土平，可揆度也。"本义为天干的第十位。"癸"还可以表示估量，如"癸之言揆也，言万物可揆度，故曰癸"；表示岁、月、日名，比如，《礼记·月令》："孟冬之月，其日壬癸。"

看名家书写示范

随目证讹甲癸推　青编是非皆究知

梅尧臣《读永叔〈集古录目〉》诗句。甲癸，从甲至癸，引申为次第、逐一。是指逐字逐句地校订，书籍的正误了然于胸。

2019

十二月大

己亥年十一月大 **初九日**	十二大雪	**星期三**

WEDNESDAY, DEC 4

hài

[字解]

《说文解字》:“亥，荄也。十月，微阳起，接盛阴。”本义为地支的最后一位。“亥”还可以表示猪，如“亥猪”；表示夜里九点至十一点或者农历十月等。

看名家书写示范

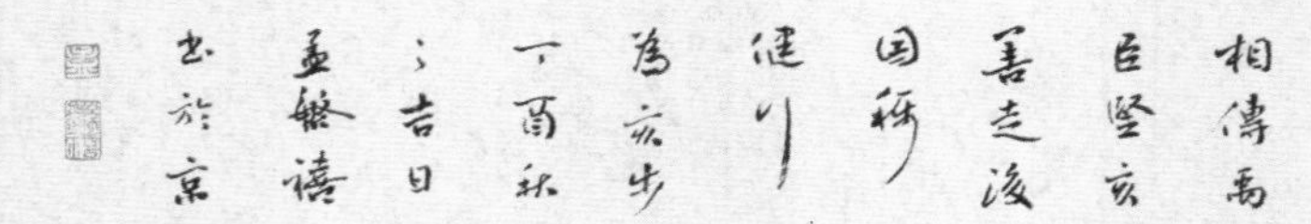

亥步

典出《山海经 · 海外东经》。相传禹臣竖亥善走，后因以称健行。

2019
十二月大

5

己亥年十一月大 **初十日**	十二大雪	**星期四**

shí

[字解]

《说文解字》:“十，数之具也。一为东西，丨为南北，则四方中央备矣。”本义为数字“十”。“十”还可以表示第十，如“十月”；表示十分、十份，如“比好游者尚不能十一”;表示多、齐全、完备，如“九十其仪”等。

看名家书写示范

五风十雨

王充《论衡·是应》:“风不鸣条，雨不破块，五日一风，十日一雨。”五天刮一次风，十天下一次雨。后比喻风调雨顺。

2019

十二月大

己亥年十一月大 **十一日**	明日大雪	**星期五**

liáng / liàng

［字解］

《说文解字》:“凉，薄也。”本义为微寒、稍冷。“凉”还可以表示轻微、刻薄，如“凉德”；表示人烟稀少、冷落，如“荒凉”；表示悲怆、内心凄苦，又比喻灰心、失望，如“心都凉了”；表示痛快、舒服，如“当干部的态度好，人家穷也穷得心凉”等。“凉”可以代指秋季，如“凉天”“凉月”。

看名家书写示范

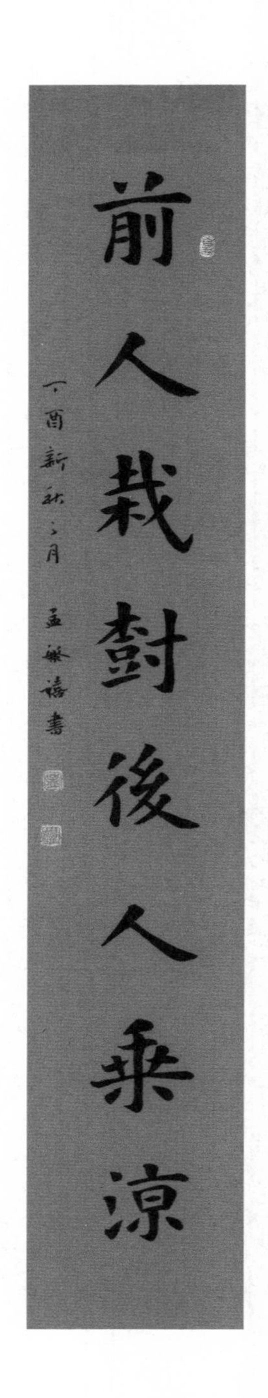

前人栽树　后人乘凉

颐琐《黄绣球》:“俗语说得好：‘前人栽树，后人乘凉。’我们守着祖宗的遗产，过了一生，后来儿孙，自有儿孙之福。”比喻前人为后人造福。

2019
十二月大

7 星期六		8 星期日
大雪18时18分 **十二日**	今日大雪	己亥年十一月大 **十三日**

bèi

[字解]

《说文解字》:“备，慎也。”本义为谨慎、警惕。“备”还可以表示完备、齐备，如“前人之述备矣”;表示疲乏、困顿，如“修容而以言，耻食以上交，以避农战，外交以备，国之危也”;表示准备、预备，如“备马”; 表示防备、戒备，如“守备”等。

看名家书写示范

求全责备

《论语·微子》:“君子不施其亲，不使大臣怨乎不以，故旧无大故，则不弃也；无求备于一人。”形容对人对事物要求十全十美、毫无缺点。

2019

十二月大

己亥年十一月大 **十四日**	廿七冬至	**星期一**

zhōu

[字解]

《说文解字》:“周,密也。”本义为周密。“周”还可以表示稠密、紧密,如“橐之而约则周也”;表示亲密、亲切,如“虽有周亲,不如仁人”;表示完备,如“古之君子,其责己也重以周”;表示遍及、普遍,如“周身之帛缕”;表示周围,如“大城不可以不完,郭周不可以外通”;表示星期,如“周末”;表示绕一圈、环绕,如“三周华不注”;表示调和、协调,如“贵其周于数”等。

智周万物

《易·系辞上》:“知周乎万物而道济天下。”天下万物无所不知。形容知识渊博。

2019

十二月大

10

己亥年十一月大 十五日	廿七冬至	星期二

yòng

[字解]

《说文解字》:“用,可施行也。”本义为使用、采用。“用”还可以表示任用，如“贤能为之用”；表示运用，如“用计铺谋”；表示治理、管理,如“仁人之用国,将修志意,正身行”；表示需要，如“生不用封万户侯,但愿一识韩荆州”;表示吃、饮,如“用茶”“用餐”；表示功用、功能，如“小礼无所用”;表示器用、物质,如“兵精用足”;表示因、由，如“觉见卧闻，俱用精神”；表示凭、拿，如“高蝉正用一枝鸣”等。

看名家书写示范

用捨行藏

孟繁禧書

用舍行藏

《论语 · 述而》：“用之则行，舍之则藏。”可仕则仕，可止则止，表示不强求富贵名利的处世态度。

2019

十二月大

己亥年十一月大 **十六日**	廿七冬至	**星期三**

yōng

[字解]

《说文解字》:“庸,用也。”本义为需要。“庸”还可以表示任用,如“名之所在,上之所庸”;表示受雇用,如“庸作”;表示酬其功劳,如“庸勋”;表示平庸,如“庸材”;表示浅陋,如“庸医”;表示功勋,如“现克一堡之庸,酬通侯之锡者,又何若不伦”等。

看名家书写示范

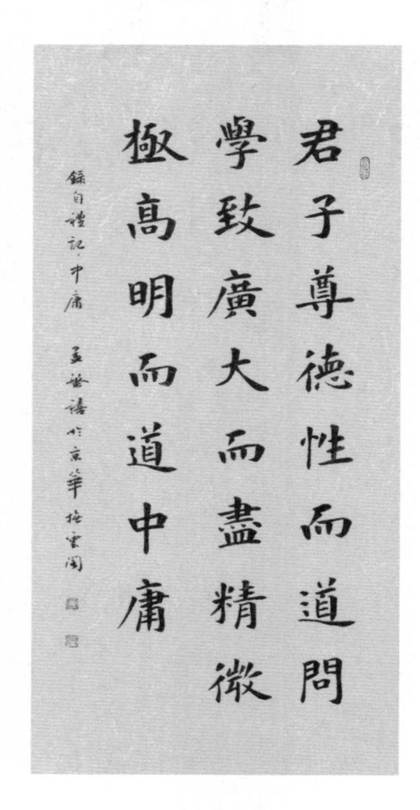

君子尊德性而道问学　致广大而尽精微　极高明而道中庸

语出《礼记·中庸》。君子既尊崇上天赋予的道德本性，又重视后天的知识探求；既使自己的知识进入宽广博大的境界，又深入到精微细妙之处；既使自己的德行高尚文明，又能遵循不偏不倚的中庸之道。

2019
十二月大

12

己亥年十一月大 十七日	廿七冬至	星期四

cháng

[字解]

《说文解字》:“常，下裙也。”本义为下裙，但在具体使用中，“常”更多具有恒、久的意思。“常”还可以表示规则、规律，如“天行有常”；表示人与人之间的关系准则，如“伦常”；表示古代长度单位，一丈六尺为常；表示一般、普通，如“人之常情”；表示一定的，如“常刑”；表示曾经，如“主父常游于此”等。

看名家书写示范

知足常乐

《老子·第四十六》:“祸莫大于不知足，咎莫大于欲得，故知足之足，常足矣。”知道满足，就总是快乐。形容安于已经得到的利益、地位。

2019
十二月大

13

己亥年十一月大 **十八日**	廿七冬至	**星期五**

liáng

[字解]

《说文解字》:“良,善也。”本义为善良。“良”还可以表示良好、美好，如“良田美池”；表示大,如“良鱼”;表示吉祥,如“良贞”;表示长、久、深，如“良夜乃罢”;表示很、甚，如“清荣峻茂，良多趣味”;表示确实、果然，如“诸将皆以为赵氏孤儿良已死”；表示首、头，如“右无良焉，必败”；表示遵纪守法的公民，如“除暴安良”；表示能够，如“吾身泯焉，弗良及也”等。陶潜《和郭主簿》有言：“检素不获展，厌厌竟良月。”良月还可以作为农历十月的代称。

看名家书写示范

金玉良言

王实甫《西厢记》:“小姐金玉之言，小生一一铭之肺腑。”比喻可贵而有价值的劝告。

14　15

星期六　星期日

己亥年十一月大 **十九日**	廿七冬至	己亥年十一月大 **二十日**

kūn

[字解]

《说文解字》:“坤,地也。”本义为八卦之一,象征地，如“山岳河渎，皆坤之灵”。“坤”还可以表示女性，如“坤角”;表示西南方，如“坤垠”等。另外，人们通常以泰卦卦象来标示正月，以坤卦来标示农历十月。

看名家书写示范

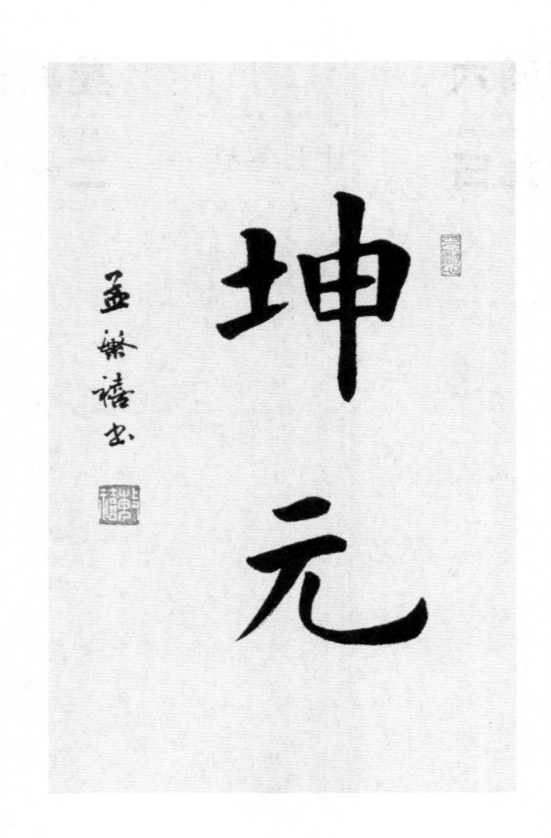

坤元

《易 · 坤卦》:“至哉坤元，万物资生，乃顺承天。”指大地产生万物之德。

2019

十二月大

16

己亥年十一月大 **廿一日**	廿七冬至	**星期一**

yīng/yìng

[字解]

《说文解字》:“应,当也。”本义为应当。“应”还可以表示答应、允许,如“桓侯不应”;表示认为是,如“应真”;表示姓氏,如“应曳”;表示接受,如“迫切不得已,乃应命至都”;表示符合、顺应,如“得心应手”;表示应付、对付,如“枢始得其环中,以应无穷”;表示应验,如“令兄托梦,莫非应在此人身上”;表示对敌方回击、迎击,如“齐威王使章子将而应之”。

看名家书写示范

得心应手

《庄子·天道》:“斲轮,徐则甘而不固,疾则苦而不入,不徐不疾,得之于手而应于心,口不能言,有数存焉于其间。”形容心手相应,运用自如。

2019

十二月大

17

己亥年十一月大 **廿二日**	廿七冬至	**星期二**

xiǎng

[字解]

《说文解字》:“响，声也。”本义为回声。“响”还可以表示声音，如“泠泠作响”；表示音讯，如“思闻嘉响”；表示清晰地发出声音，如“村北响缲车”；表示开口说话，如“不声不响”；表示声音大，如“屋外马达声太响”;表示声名远扬，如“名字很响”等。

看名家书写示范

其应若响

《庄子 · 天子》:“其动若水，其静若镜，其应若响。”形容反应灵敏迅速，如回声之立即响应。

2019

十二月大

18

己亥年十一月大 **廿三日**	廿七冬至	**星期三**

yīn

[字解]

《说文解字》:“音,声也。生于心,有节于外,谓之音。”本义为声音。“音”还可以表示音乐，如“莫不中音”;表示消息、讯息，如“佳音”;表示口音，如“乡音无改”等。

看名家书写示范

大音希声

《老子 · 第四十一》:“大器晚成，大音希声，大象无形。”至高的音乐是超越音声的，如“天籁”，绝于智巧，无涉欲望，归于本然，而众音由是而出。

2019

十二月大

19

己亥年十一月大 廿四日	廿七冬至	星期四

wén

[字解]

《说文解字》:“闻，知闻也。”本义为听到。“闻”还可以表示知道，如“闻道有先后”；表示接受，如“闻命”；表示传扬，如“贺兰山下阵如云，羽檄交驰日夕闻”;表示趁、乘，如“闻早”;表示出名，如“名闻天下”；表示嗅，如“久而不闻其香”；表示询问、问候，如“丧牛之凶，终莫之闻也”；表示知识、见闻，如“且夫我尝闻少仲尼之闻而轻伯夷之义者，始吾弗信”；表示听到的事情、消息，如“网罗天下放失旧闻”；表示声望、威望，如“令闻令望”等。

看名家书写示范

闻鸡起舞

典出《晋书·祖逖传》。晋代祖逖，半夜闻鸡啼，立即起床操练武艺。后用以比喻及时奋起行动。

2019

十二月大

20

己亥年十一月大 **廿五日**	明日冬至	**星期五**

tīng

[字解]

《说文解字》:“听，笑皃。”今天的规范字“听”对应着“听”和“聽”两个古字形：前者形容“笑皃”，但使用较少；后者表示聆听之意。“听”还可以表示接受、接纳，如“听信”；表示治理、管理，如“听政”；表示决断、审理，如“听决”；表示等候，如“听用”；表示听凭、任凭，如“听人穿鼻”“听其自便”；表示侦察，如“请谓王听东方之处”；表示耳朵，如“不啻风泉之满听矣”；表示耳目、间谍，如“且仁人之用十里之国，则将有百里之听”；表示厅堂，如“病人或至数百，听廊皆满”等。

看名家书写示范

聽微決疑

鶡冠子·天則 聖王者有聽微決疑之道能屏讒權實 書於京華

听微决疑

《鹖冠子 · 天则》:“圣王者有听微决疑之道，能屏逸权实。”注意细微的情节，解决疑难的问题。形容思维缜密，善于通过听察解决疑难。

21

星期六

22

星期日

己亥年十一月大 **廿六日**	今日冬至	冬至12时19分 **廿七日**

ěr

[字解]

《说文解字》:“耳，主听也。”本义为耳朵。“耳”还可以表示听觉、听力，如“耳性”；表示耳状的东西，如“木耳”；表示位置在两旁的，如“耳房”；表示听到、听说，如“耳食之学”；表示附耳而语，如“耳言”“耳报”;表示限制,相当于“而已”“罢了”，如“技止此耳”；表示肯定或语句的停顿与结束，相当于“了”“啊”“也”，如“田横，齐之壮士耳”；表示转折关系，相当于“而”，如“公耳忘私”等。

看名家书写示范

国耳忘家

贾谊《陈政事疏》:“故化成俗定，则为人臣者主耳忘身，国耳忘家，公耳忘私。”指为国事而忘其家。

2019

十二月大

23

己亥年十一月大 **廿八日**	十二小寒	一九第二天 **星期一**

MONDAY, DEC 23

zhé

[字解]

《说文解字》:“辄，车两輢也。”本义为车耳。“辄”还可以表示独断专行、专权，如“甘受专辄之罪”;表示立即、就，如“饮少辄醉”;表示则，如“地方百里之增减，辄为粟百八十万石”等。

看名家书写示范

临机辄断

《新唐书 · 杜如晦传》:“内负大节，临机辄断。”面对事机就作出决断。形容遇事果断。

2019

十二月大

24

己亥年十一月大 廿九日	十二小寒	一九第三天 星期二

chē / jū

[字解]

《说文解字》:“车，舆轮之总名。”本义为车子。“车”还可以特指战车、兵车,如“车辚辚，马萧萧，行人弓箭各在腰”；表示利用轮轴旋转的工具，如“水车”；表示牙床，如“车辅相依”；表示用水车升高水位，如“车水”；表示棋子的名称，如“舍车保帅”等。

看名家书写示范

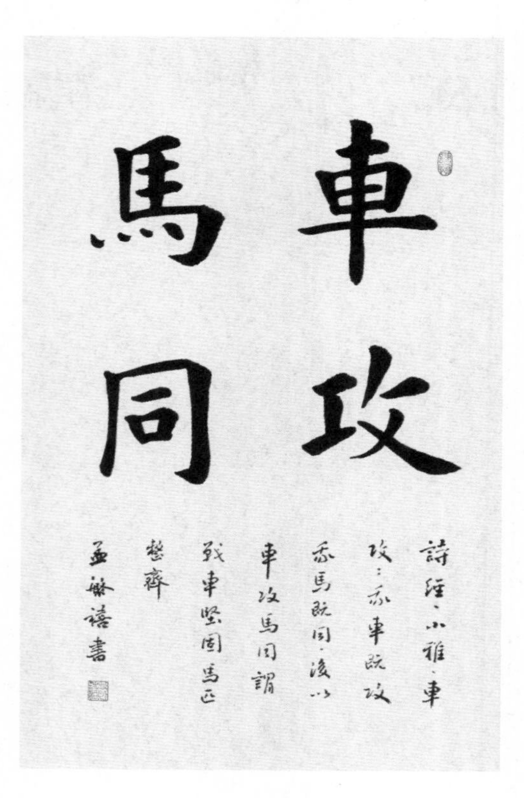

车攻马同

《诗经 · 小雅 · 车攻》:“我车既攻，我马既同。”《毛传》:“攻，坚；同，齐也。”形容战车坚固，马匹整齐。

2019
十二月大

25

己亥年十一月大 **三十日**	十二小寒	一九第四天 **星期三**

zǎi / zài

[字解]

《说文解字》:“载，乘也。”本义为乘载。“载”还可以表示年，如“三年五载”；表示记载，如“登载”；表示描绘，如“图弗能载，名弗能举”；表示承载，如“水则载舟，水则覆舟”；表示陈设，如“清酒既载”；表示处、登，如“身宠而载高位”；表示祭祀，如“载璧”；表示开始，如“春日载阳”；表示装饰，如“载以银锡”；表示充满，如“厥声载路”；表示车、船等交通工具，如“予乘四载”；表示所装运的物件，如“若乘舟，汝弗济，臭厥载”；表示事业，如“有能奋庸，熙帝之载”；表示又、且，如“巩顿首载拜”等。

看名家书写示范

文以载道

周敦颐《通书 · 文辞》:“文所以载道也。轮辕饰而人弗庸，徒饰也，况虚车乎。”指文章是用来说明道理的。

2019
十二月大

26

己亥年十二月大 **初一日**	十二小寒	一九第五天 **星期四**

fù

[字解]

《说文解字》:“覆，覂也。一曰盖也。”本义为倾覆。“覆”还可以表示遮蔽，如“以衾拥覆，久而乃和”;表示颠覆、灭亡，如“赵兵果败，括死军覆”;表示保护、庇护，如“诞置之寒冰，鸟覆翼之”;表示伏击、袭击，如“覆荡”“覆陷”;表示审察、查核，如“覆问”;表示再、重，如“覆校”“覆奏”等。

看名家书写示范

覆盂之安

韩婴《韩诗外传 · 第九卷》:“君子之居也，绥如安裘，晏如覆盂。”

像覆置的盂那样安稳。比喻稳固，不可动摇。

2019
十二月大

27

己亥年十二月大 **初二日**	十二小寒	一九第六天 **星期五**

fù

[字解]

《说文解字》:“复，往来也。”今天的规范字“复”兼并了“複”和“復”两个古字形:前者本义为“重衣皃”,后者则表示“往来也”。“复”还可以表示重复、繁复，如“山重水复”;表示夹层，如“红罗复斗帐，四角垂香囊”;表示恢复，如“更若役，复若赋，则何如”;表示回归、还原，如“齐七十余城皆复为齐”;表示回答，如“王辞而不复”等。人们通常以复卦来标示农历十一月。

看名家书写示范

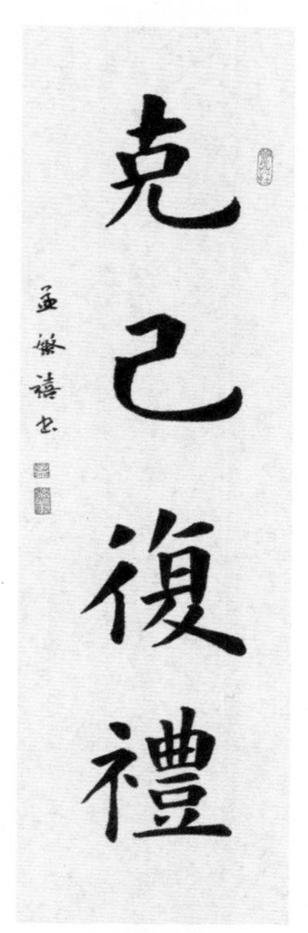

克己复礼

《论语·颜渊》:“克己复礼为仁。”指克制自己的私欲，使言行举止合乎礼节。

28

29

星期六		星期日
一九第七天 初三日	十二小寒	一九第八天 初四日

chàng

[字解]

《说文解字》:“畅,通畅。”本义为通畅。“畅”还可以表示舒畅,如“旧国旧都,望之畅然”;表示茂盛,如“草木畅茂”;表示流畅、言辞敏捷,如“畅利”;表示正、极、甚,如“青衫忒离俗,裁得畅可体”;表示尽情、痛快,如“畅抒”等。

看名家书写示范

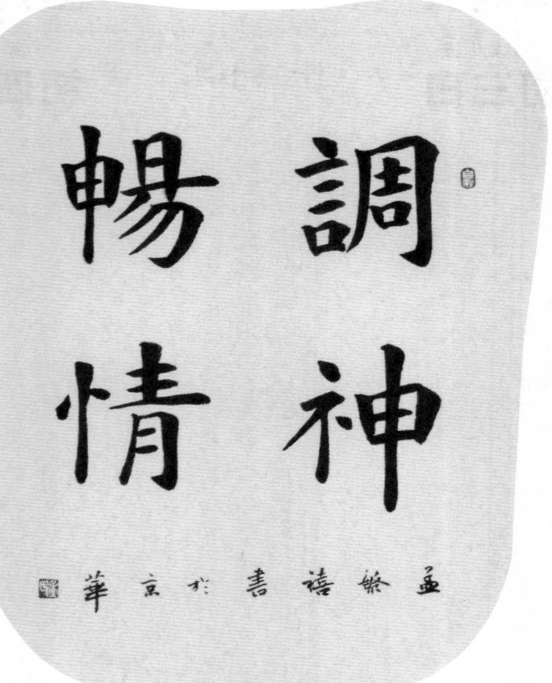

调神畅情

徐爰《食箴》:“一日三饱,圣贤通执。奉君养亲,靡不加精。安虑润气,调神畅情。”表示使精神顺适,情绪欢畅。

2019
十二月大

30

己亥年十二月大 **初五日**	十二小寒	一九第九天 **星期一**

yì

看名家书写示范

[字解]

《说文解字》:“易，蜥易，蝘蜓，守宫也。”本义为蜥蜴。“易”还可以表示交换,如“以大易小”;表示改变,如“易辙”;表示蔓延、传播，如“绝其本根，勿能使能殖，畏其易也”；表示整治，如“易其田畴，薄其税敛”;表示轻视，如“易慢之心入之矣”；表示容易，如“学有难易”；表示简易、简省，如“栾范易行以诱之”;表示平坦，如“羁坚辔，附易路”;表示平易，如“易直”；表示和蔼，如“易恬”；表示古代阴阳变化消长的现象，如“王者乘时，圣人乘易”；表示古代卜筮书,如“三易”；表示《周易》的简称等。

移风易俗

《荀子 · 乐论》:“乐者，圣人之所乐也，而可以善民心，其感人深，其移风易俗,故先王导之以礼乐而民和睦。”表示转移风气,改良习俗。

2019

十二月大

31

己亥年十二月大 **初六日**	十二小寒	二九第一天 **星期二**

目录索引

一月

二月

三月

四月

APR 1 放
APR 2 禽
APR 3 扬
APR 4 机
APR 5 明
APR 6-7 锦
APR 8 新
APR 9 融
APR 10 谐
APR 11 收
APR 12 治
APR 13-14 酒
APR 15 初
APR 16 太
APR 17 乾
APR 18 敏
APR 19 繁
APR 20-21 雨
APR 22 丝
APR 23 书
APR 24 美
APR 25 口
APR 26 舌
APR 27-28 言
APR 29 宣
APR 30 苦

五月

MAY 1 喷
MAY 2 奔
MAY 3 大
MAY 4-5 立
MAY 6 夏
MAY 7 交
MAY 8 爽
MAY 9 孟
MAY 10 四
MAY 11-12 母
MAY 13 巳
MAY 14 吕
MAY 15 蝉
MAY 16 五
MAY 17 虫
MAY 18-19 蚕
MAY 20 小
MAY 21 满
MAY 22 仲
MAY 13 勃
MAY 24 午
MAY 25-26 马
MAY 27 腾
MAY 28 火
MAY 29 热
MAY 30 赤
MAY 31 炎

六月

JUNE 1-2 朱
JUNE 3 丹
JUNE 4 雀
JUNE 5 离
JUNE 6 芒
JUNE 7 端
JUNE 8-9 力
JUNE 10 忙
JUNE 11 麦
JUNE 12 豆
JUNE 13 米
JUNE 14 瓜
JUNE 15-16 南
JUNE 17 蕤
JUNE 18 蒲
JUNE 19 兰
JUNE 20 榴
JUNE 21 桑
JUNE 22-23 秀
JUNE 24 皋
JUNE 25 六
JUNE 26 季
JUNE 27 蕃
JUNE 28 葵
JUNE 29-30 户

七月

JULY 1 慕
JULY 2 怀
JULY 3 惠
JULY 4 传
JULY 5 展
JULY 6-7 暑
JULY 8 刀
JULY 9 册
JULY 10 典
JULY 11 耕
JULY 12 画
JULY 13-14 笔
JULY 15 伏
JULY 16 垂
JULY 17 荷
JULY 18 丽
JULY 19 鹿
JULY 20-21 月
JULY 22 羊
JULY 23 祥
JULY 24 养
JULY 25 善
JULY 26 义
JULY 27-28 未
JULY 29 半
JULY 30 素
JULY 31 西

八月

AUG 1 兵
AUG 2 合
AUG 3-4 全
AUG 5 工
AUG 6 巧
AUG 7 金
AUG 8 秋
AUG 9 商
AUG 10-11 首
AUG 12 早
AUG 13 兑
AUG 14 说
AUG 15 鬼
AUG 16 自
AUG 17-18 息
AUG 19 玉
AUG 20 文
AUG 21 辨
AUG 22 辛
AUG 23 翼
AUG 24-25 羽
AUG 26 夷
AUG 27 弓
AUG 28 申
AUG 29 神
AUG 30 否
AUG 31 不

九月

SEPT 1 相
SEPT 2 七
SEPT 3 八
SEPT 4 分
SEPT 5 利
SEPT 6 禾
SEPT 7-8 露
SEPT 9 酉
SEPT 10 育
SEPT 11 医
SEPT 12 桂
SEPT 13 夕
SEPT 14-15 庆
SEPT 16 兔
SEPT 17 多
SEPT 18 观
SEPT 19 中
SEPT 20 圆
SEPT 21-22 团
SEPT 23 角
SEPT 24 触
SEPT 25 属
SEPT 26 毛
SEPT 27 衣
SEPT 28-29 皮
SEPT 30 革

十月

OCT 1 和
OCT 2 成
OCT 3 壮
OCT 4 果
OCT 5-6 实
OCT 7 贯
OCT 8 寒
OCT 9 则
OCT 10 赐
OCT 11 赏
OCT 12-13 尝
OCT 14 泰
OCT 15 黍
OCT 16 路
OCT 17 足
OCT 18 九
OCT 19-20 久
OCT 21 老
OCT 22 孝
OCT 23 朽
OCT 24 霜
OCT 25 菊
OCT 26-27 贝
OCT 28 橘
OCT 29 降
OCT 30 序
OCT 31 肃

十一月

NOV 1 鸿
NOV 2-3 雁
NOV 4 犬
NOV 5 类
NOV 6 射
NOV 7 戈
NOV 8 冬
NOV 9-10 白
NOV 11 斤
NOV 12 具
NOV 13 武
NOV 14 终
NOV 15 尽
NOV 16-17 闭
NOV 18 收
NOV 19 藏
NOV 20 获
NOV 21 聚
NOV 22 雪
NOV 23-24 坚
NOV 25 北
NOV 26 冀
NOV 27 龟
NOV 28 玄
NOV 29 黑
NOV 30 墨

十二月

DEC 1 幽
DEC 2 壬
DEC 3 任
DEC 4 癸
DEC 5 亥
DEC 6 十
DEC 7-8 凉
DEC 9 备
DEC 10 周
DEC 11 用
DEC 12 庸
DEC 13 常
DEC 14-15 良
DEC 16 坤
DEC 17 应
DEC 18 响
DEC 19 音
DEC 20 闻
DEC 21-22 听
DEC 23 耳
DEC 24 辄
DEC 25 车
DEC 26 载
DEC 27 覆
DEC 28-29 复
DEC 30 畅
DEC 31 易

2020

庚子

1

日	一	二	三	四	五	六
			1 元旦节	2 腊八节	3 初九	4 初十
5 十一	6 小寒	7 十三	8 十四	9 十五	10 十六	11 十七
12 十八	13 十九	14 二十	15 廿一	16 廿二	17 小年	18 廿四
19 廿五	20 大寒	21 廿七	22 廿八	23 廿九	24 除夕	25 春节
26 初二	27 初三	28 初四	29 初五	30 初六	31 初七	

2

日	一	二	三	四	五	六
						1 初八
2 初九	3 初十	4 立春	5 十二	6 十三	7 十四	8 元宵节
9 十六	10 十七	11 十八	12 十九	13 二十	14 情人节	15 廿二
16 廿三	17 廿四	18 廿五	19 雨水	20 廿七	21 廿八	22 廿九
23 2月大	24 初二	25 初三	26 初四	27 初五	28 初六	29 初七

3

日	一	二	三	四	五	六
1 初八	2 初九	3 初十	4 十一	5 惊蛰	6 十三	7 十四
8 妇女节	9 十六	10 十七	11 十八	12 植树节	13 二十	14 廿一
15 廿二	16 廿三	17 廿四	18 廿五	19 廿六	20 春分	21 廿八
22 廿九	23 三十	24 3月大	25 初二	26 初三	27 初四	28 初五
29 初六	30 初七	31 初八				

4

日	一	二	三	四	五	六
			1 初九	2 初十	3 十一	4 清明节
5 十三	6 十四	7 十五	8 十六	9 十七	10 十八	11 十九
12 二十	13 廿一	14 廿二	15 廿三	16 廿四	17 廿五	18 廿六
19 谷雨	20 廿八	21 廿九	22 三十	23 4月大	24 初二	25 初三
26 初四	27 初五	28 初六	29 初七	30 初八		

5

日	一	二	三	四	五	六
					1 劳动节	2 初十
3 十一	4 青年节	5 立夏	6 十四	7 十五	8 十六	9 十七
10 母亲节	11 十九	12 二十	13 廿一	14 廿二	15 廿三	16 廿四
17 廿五	18 廿六	19 廿七	20 小满	21 廿九	22 三十	23 闰4月大
24 初二	25 初三	26 初四	27 初五	28 初六	29 初七	30 初八
31 初九						

6

日	一	二	三	四	五	六
	1 儿童节	2 十一	3 十二	4 十三	5 芒种	6 十五
7 十六	8 十七	9 十八	10 十九	11 二十	12 廿一	13 廿二
14 廿三	15 廿四	16 廿五	17 廿六	18 廿七	19 廿八	20 廿九
21 父亲节	22 初二	23 初三	24 初四	25 端午节	26 初六	27 初七
28 初八	29 初九	30 初十				

7

日	一	二	三	四	五	六
			1 建党节	2 十二	3 十三	4 十四
5 十五	6 十六	7 小暑	8 十八	9 十九	10 二十	11 廿一
12 廿二	13 廿三	14 廿四	15 廿五	16 廿六	17 廿七	18 廿八
19 廿九	20 三十	21 6月小	22 大暑	23 初三	24 初四	25 初五
26 初六	27 初七	28 初八	29 初九	30 初十	31 十一	

8

日	一	二	三	四	五	六
						1 建军节
2 十三	3 十四	4 十五	5 十六	6 十七	7 立秋	8 十九
9 二十	10 廿一	11 廿二	12 廿三	13 廿四	14 廿五	15 廿六
16 廿七	17 廿八	18 廿九	19 7月小	20 初二	21 初三	22 初四
23 处暑	24 初六	25 七夕节	26 初八	27 初九	28 初十	29 十一
30 十二	31 十三					

9

日	一	二	三	四	五	六
		1 十四	2 中元节	3 十六	4 十七	5 十八
6 十九	7 白露	8 廿一	9 廿二	10 教师节	11 廿四	12 廿五
13 廿六	14 廿七	15 廿八	16 廿九	17 8月大	18 初二	19 初三
20 初四	21 初五	22 秋分	23 初七	24 初八	25 初九	26 初十
27 十一	28 十二	29 十三	30 十四			

10

日	一	二	三	四	五	六
				1 中秋节	2 国庆节	3 国庆节
4 十八	5 十九	6 二十	7 廿一	8 寒露	9 廿三	10 廿四
11 廿五	12 廿六	13 廿七	14 廿八	15 廿九	16 三十	17 9月小
18 初二	19 初三	20 初四	21 初五	22 初六	23 霜降	24 初八
25 重阳节	26 初十	27 十一	28 十二	29 十三	30 十四	31 十五

11

日	一	二	三	四	五	六
1 十六	2 十七	3 十八	4 十九	5 二十	6 廿一	7 立冬
8 廿三	9 廿四	10 廿五	11 廿六	12 廿七	13 廿八	14 廿九
15 10月大	16 初二	17 初三	18 初四	19 初五	20 初六	21 初七
22 小雪	23 初九	24 初十	25 十一	26 十二	27 十三	28 十四
29 十五	30 十六					

12

日	一	二	三	四	五	六
		1 十七	2 十八	3 十九	4 二十	5 廿一
6 大雪	7 廿三	8 廿四	9 廿五	10 廿六	11 廿七	12 廿八
13 廿九	14 三十	15 11月小	16 初二	17 初三	18 初四	19 初五
20 初六	21 冬至	22 初八	23 初九	24 初十	25 圣诞节	26 十二
27 十三	28 十四	29 十五	30 十六	31 十七		

图书在版编目（CIP）数据

2019美术日记：欧体楷书·一日一字 / 孙学峰编著；孟繁禧书. -- 北京：人民美术出版社，2018.9
ISBN 978-7-102-08156-4

Ⅰ.①2… Ⅱ.①孙… ②孟… Ⅲ.①历书—中国—2019②楷书—法书—作品集—中国—现代 Ⅳ.①P195.2 ②J292.28

中国版本图书馆CIP数据核字(2018)第226234号

装帧设计　徐　洁
封面集字　张啸东

2019美术日记 “欧体楷书·一日一字”
2019 MĚISHÙ RÌJÌ “ŌUTǏ KǍISHŪ YĪRÌ YĪZÌ”
编辑出版 人民美術出版社
（北京市东城区北总布胡同32号　邮编：100735）
http://www.renmei.com.cn
发行部：（010）67517601
网购部：（010）67517864
编　　著　孙学峰
书　　法　孟繁禧
责任编辑　徐　见　沙海龙
责任校对　马晓婷
责任印制　高　洁
制　　版　朝花制版中心
印　　刷　天津图文方嘉印刷有限公司
经　　销　全国新华书店

版　次：2018年10月　第1版　第1次印刷
开　本：889mm × 1194mm　1/32
印　张：21
印　数：0001—8000册
ISBN　978-7-102-08156-4
定　价：99.00元
如有印装质量问题影响阅读，请与我社联系调换。（010）67517784